东非陆缘盆地群
深水油气地质与勘探

蔡 俊 张俊龙 邱春光 吴东胜 胡 滨 贾 屾 编著

石油工业出版社

内容提要

本书对东非陆缘盆地群深水油气地质条件进行了细致研究，介绍了不同构造时期的构造—沉积耦合关系，剖析了主力烃源岩分布及发育模式，提出了东非陆缘盆地群油气成藏模式并预测了有利区带。本书丰富了转换型陆缘盆地群深水油气地质条件的系统研究，同时为国内石油公司在该地区的勘探选区提供了理论依据。

本书可供从事深水油气勘探开发的科研人员、管理人员及相关院校师生参考阅读。

图书在版编目（CIP）数据

东非陆缘盆地群深水油气地质与勘探 / 蔡俊等编著 .
—北京：石油工业出版社，2024.3
ISBN 978-7-5183-6005-5

Ⅰ.① 东… Ⅱ.① 蔡… Ⅲ.① 含油气盆地 – 石油天然气地质 – 研究 – 东非 ② 含油气盆地 – 油气勘探 – 研究 – 东非 Ⅳ.① P618.130.2

中国国家版本馆 CIP 数据核字（2023）第 087121 号

审图号：GS 京（2023）1121 号

出版发行：石油工业出版社
　　　　　（北京安定门外安华里 2 区 1 号　　100011）
　　　　　网　　址：www.petropub.com
　　　　　编辑部：（010）64521539　　图书营销中心：（010）64523633
经　　销：全国新华书店
印　　刷：北京中石油彩色印刷有限责任公司

2024 年 3 月第 1 版　2024 年 3 月第 1 次印刷
787×1092 毫米　开本：1/16　印张：9.25
字数：230 千字

定价：80.00 元

前　言

　　21世纪以来，深水地区的油气勘探已逐渐成为油气发现的主力区域。1998年，全球深水油气产量仅为 1.5×10^8 t；2008年，全球深水油气产量为 3.4×10^8 t；2019年，全球深水油气产量已达 5.4×10^8 t。目前，深水投资已占国际石油公司海上投资的50%以上，深水油气产量已成为其重要的组成部分。以英国石油公司（bp）为例，目前其深水油气年产量已接近 5000×10^4 t油当量，占英国石油公司油气年产量的31%。根据IHS对国际大石油公司2019—2023年产量增长来源的预测，深水油气是其未来产量增长的主要来源之一。中国作为全球最大的原油和天然气进口国，油气对外依存度依旧呈上升趋势，面临的能源安全形势十分严峻。因此，除进一步大力发展国内石油工业外，拓展国外油气勘探，特别是深水油气勘探开发业务是必然趋势。东非陆缘深水盆地群深水区自2010年油气勘探取得了巨大突破，特别是在莫桑比克北部海域的鲁伍马盆地深水区古近系重力流砂体中相继发现了世界级大型天然气藏，表现出巨大的资源潜力，加之国家以共建21世纪"海上丝绸之路"为重要组成部分的"一带一路"倡议的顺利推进，针对东非陆缘盆地群深水区的油气勘探得到了重点关注。

　　值得注意的是，东非陆缘盆地群的构造—沉积演化过程与经典的被动陆缘盆地不同，其经历了石炭纪—早侏罗世的裂陷期、中侏罗世—早白垩世的马达加斯加板块向南漂移，以及晚白垩世以来的印度洋扩张等多期构造演化。特殊的构造—沉积演化，加之早期研究资料的匮乏，造成了目前针对东非陆缘盆地群，特别是其深水区的构造—沉积耦合关系、主力烃源岩分布及发育模式、油气成藏模式，以及有利区带预测等方面均缺乏明确认识，给国内石油公司在该地区的勘探选区造成了困难。

　　通过搜集大量基础地质资料，结合笔者所在研究团队前期参与的研究项目成果，本书对东非陆缘盆地群的构造特征、沉积体系、油气地质特征、油气成藏规律及综合评价作了全面叙述，以期为对该地区感兴趣的相关科研人员提供参考，也为石油公司的勘探选区提供理论依据。本书共分为5章，第一章为区域地质背景及勘探现状，简要地介绍了东非陆缘盆地群的区域地质概况、构造背景、沉积特征、勘探历程，以及油气田发现情况；第二章主要阐述了东非陆缘盆地群断裂及构造特征、构造单元划分，以及重点构造单元的构造解剖；第三章论述了东非陆缘盆地群沉积相识别标志、沉积相类型及特征、构造—沉积耦合关系，以及沉积模式；第四章重点探讨了主力烃源岩发育层位、发育特征、成因模式及其预测与评价，并简要分析了东非陆缘盆地群深水区的储层、盖层特征，以及圈闭特征；第五章重点介绍了东非陆缘盆地群深水区的成藏模式并对油气有利聚集区带进行了综合评价与预测。

本书各章节的分工如下：前言由蔡俊、邱春光执笔，第一章由蔡俊和邱春光执笔，第二章由蔡俊、邱春光和胡滨执笔，第三章由邱春光、蔡俊和贾岫执笔，第四章由吴东胜和贾岫执笔，第五章由张俊龙和邱春光执笔。全书由蔡俊和张俊龙统稿，何幼斌和梁建设等对全书进行审阅。

在本书编写过程中，中国海油相关专家给予了多方指导和大力帮助，在此表示衷心的感谢！本书的顺利出版还得益于国家科技重大专项（2017ZX05032-002-003）、国家自然科学基金（42002150、41502101）、极地地质与海洋矿产教育部重点实验室开放基金（PGMR-2023-201），以及湖北省教育厅基金（Q20191304）的资助，中国海油梁建设、康洪全和赵红岩等，以及长江大学地球科学学院胡望水、王振奇、张尚锋和李华等对书稿的编写提出了诸多建设性的意见，张灿、郭笑、童乐、覃阳亮、陶叶和王丹丹等研究生参与了部分图件编绘和资料收集整理等工作，在此一并表示感谢！

由于笔者水平有限，书中难免有疏漏和不妥之处，敬请读者批评指正。

目 录

第一章　区域地质背景及勘探现状

第一节　区域地质概况

非洲东海岸北至红海、亚丁湾，东邻印度洋，涉及埃塞俄比亚、索马里、肯尼亚、坦桑尼亚、莫桑比克、马达加斯加等国家。东非海岸为被动大陆边缘区，包括多个含油气盆地，由北到南分别为索马里（Somalia）盆地、拉穆（Lamu）盆地、坦桑尼亚（Tanzania）盆地、鲁伍马（Rovuma）盆地、莫桑比克（Mozambique）盆地和穆龙达瓦（Monrondava）盆地（图 1-1）。目前，东非陆缘盆地群油气发现主要位于鲁伍马盆地和坦桑尼亚盆地南部，地质和地震资料主要位于坦桑尼亚盆地和拉穆盆地。因此，本书主要聚焦于鲁伍马盆地、坦桑尼亚盆地和拉穆盆地。

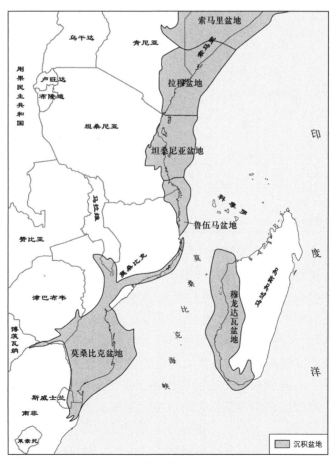

图 1-1　东非陆缘盆地群分布图

第二节　构造背景

非洲大陆位于非洲板块中北部，东邻印度洋、西靠大西洋、北为地中海，面积约占地球陆地面积的五分之一，仅次于亚洲。非洲大陆北宽南窄，形态呈三角形，向南伸展，南北长约8000km，东西最宽处可达7500km。非洲板块西边界为中大西洋海岭的中南段。非洲板块南部与南极洲板块连接。非洲板块东南界与印度板块相连。北部则与欧亚板块相邻。除了与欧亚板块之间的边界外，其余边界均为离散边界（图1-2）。

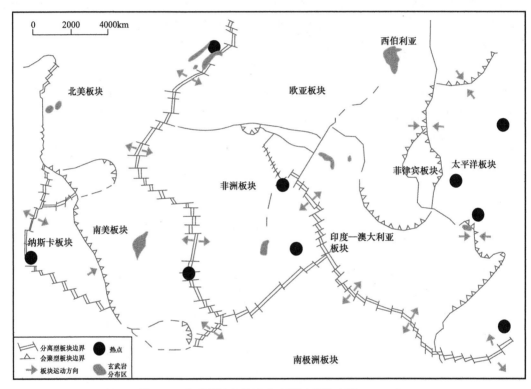

图1-2　全球板块与热点分布图（据陆克政，2001）

从地质历史时期看，非洲板块陆壳部分（非洲大陆）从太古宙至今至少经历了3800Ma的发展与演化过程。而洋壳部分从白垩纪开始形成，发展与演化过程相对简单。除非洲大陆北部陆壳边界较为稳定外，东部、南部以及西部的洋壳边界均具有活动扩张带，使得板块面积不断增长与扩大。非洲板块洋壳部分在泛大陆分裂时，由海底扩张引起的洋壳增生作用形成。非洲板块的东、西边界分别是印度洋洋中脊和大西洋洋中脊。洋中脊附近基本无沉积物，随着地幔中熔融物质涌出岩流，洋壳向两侧移动，并不断扩张，使得距离洋壳远的地区沉积岩增厚。这种新生的洋壳，在离开洋中脊时便缓慢开始接受沉积。随着分离距离增加，沉积岩厚度也不断增加，其厚度在洋中脊两侧呈对称状态。非洲板块的北大西洋洋中脊有部分露出海面，印度洋洋中脊西北端在塞浦路斯等地也露出海面，岩石是一套以火山岩为主的复杂岩体。

在泛大陆分裂中，非洲大陆自晚三叠世以来，与其他板块分离，经晚白垩世、古近纪—新近纪至第四纪的持续发展演化，最终形成了现代非洲大陆板块（史维皎，2010）。

东非陆缘盆地群属于被动大陆边缘盆地，该类型盆地主要分布在大西洋与印度洋两岸，具有相似的构造演化机制。它们在古生代同属于冈瓦纳古陆，后期冈瓦纳解体后演化成为被动大陆边缘盆地（周总瑛等，2013）。

非洲大陆东部发育有著名的东非大裂谷，沿裂谷两侧分布着大范围中—新生界火山岩。非洲裂谷体系按形成时代可分为三大体系（图1-3），分别是古生代裂谷系、中生代裂谷系及新生代裂谷系。各体系的分布地区和裂谷走向均有不同，裂谷体系的发展包括大陆解体、裂谷形成、火山活动，以及金伯利岩的分布，它们均受到泛非运动的影响。对于东非地区而言，主要发育古生代裂谷系和新生代裂谷系。

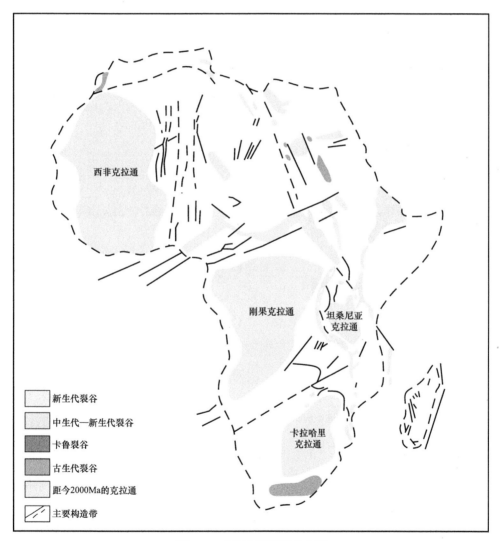

图1-3　非洲主要裂谷构造图

东非被动大陆边缘处于东、西冈瓦纳交界处，形成于冈瓦纳大陆的裂解，大致可分为三个构造期次，分别是裂陷期、走滑期和漂移期（图1-4）。

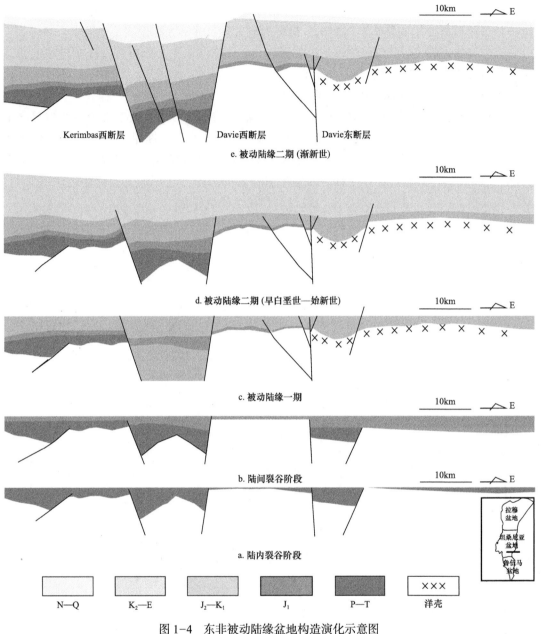

图 1-4 东非被动陆缘盆地构造演化示意图

一、裂陷期

裂陷期可进一步细分为石炭纪、二叠纪—三叠纪的陆内裂谷阶段和早侏罗世的陆间裂谷阶段。

晚石炭世—三叠纪末期，伴随着潘基亚超大陆的逐渐形成，在冈瓦纳大陆东部（包括非洲、印度、马达加斯加、澳大利亚、阿拉伯及南极洲板块）发生强烈的地幔柱活动，引起了区域性的地壳隆升、断裂及火山活动，形成了广泛分布的陆内裂谷盆地，分布于目前的东非、马达加斯加、澳大利亚、印度等地区，沉积了一套陆相河流、湖泊及沼泽沉积为主的地层。由于这套地层在南非的卡鲁盆地保存最为完整，故多以卡鲁裂谷活动指代该期构造活动（Catuneanu et al.，2005）。关于卡鲁裂谷形成的主要动力机制，Boselline（1986）认为是泛大陆之下的热聚集和冈瓦纳、劳亚两大陆块间的右行转换运动。地震剖面资料揭示该期构造样式以大范围的地垒、地堑及半地堑为主（图1-4a）。卡鲁群与上覆下侏罗统呈角度不整合接触。

早侏罗世开始，冈瓦纳大陆由西北向东南开始裂解为几个不同的块体。此时，海底扩张和漂移作用局限于东北部，在现今的索马里、肯尼亚、坦桑尼亚及马达加斯加滨海地区，发育大规模裂陷沉降，海水从东北部大范围侵入，形成狭长海湾，类似现今的红海。从地震剖面上看，陆间裂谷期以整体热沉降为主，由早期陆内裂谷的断陷转变为该时期的坳陷，地层多以填平补齐为特点（图1-4b）。

二、被动陆缘一期（走滑期）

中侏罗世—早白垩世，马达加斯加板块和东冈瓦纳大陆脱离非洲大陆，以右旋走滑形式沿Davie构造脊向南漂移，导致东非南部边缘形成右行剪切型大陆边缘，因此该阶段也可称为走滑构造阶段（图1-4c）。在区域走滑应力场作用下，东非海域发育了一系列走滑断层，如Davie东断层、Davie西断层和Seagap断层等。

三、被动陆缘二期（漂移期）

早白垩世以来，随着马达加斯加板块剪切活动停止，印度—塞舌尔板块开始向北西方向漂移，印度洋逐渐扩张，整个东非海域盆地以被动陆缘沉降为主要特征，依据具体构造事件可进一步分为两个次级阶段：早白垩世晚期—始新世，东非海域盆地整体上构造活动微弱（图1-4d），在陆坡处为浅海和三角洲沉积；从渐新世开始，东非北部Afar地幔柱开始活动，东非裂谷系形成，东非海域盆地中部地层加速沉降，西部陆坡和东部Davie构造脊相对抬升（图1-4e）。

第三节　区域沉积特征

东非海岸重点盆地自下而上依次发育前寒武系（基底）、古生界、中生界及新生界（图1-5），整体呈现西薄东厚、西老东新的特征（图1-6—图1-11）。其中，西部陆上地层厚度为2500～9000m，以卡鲁群为主，后期地层减薄或遭受剥蚀；东部海域地层整体呈西厚东薄的展布趋势，平均地层厚度超过11000m，以侏罗系—新近系为主，二叠系—三叠系厚度相对较薄。总体而言，沉积充填物的发育程度与分布特征明显受控于三个构造演化阶段，盆地内依次充填了裂陷期沉积层序和两期被动陆缘沉积层序。

一、裂陷期沉积充填特征

受陆内裂谷—陆间裂谷的控制，上石炭统—下侏罗统岩性以陆相砂砾岩、页岩、层状火山岩及蒸发岩为主。

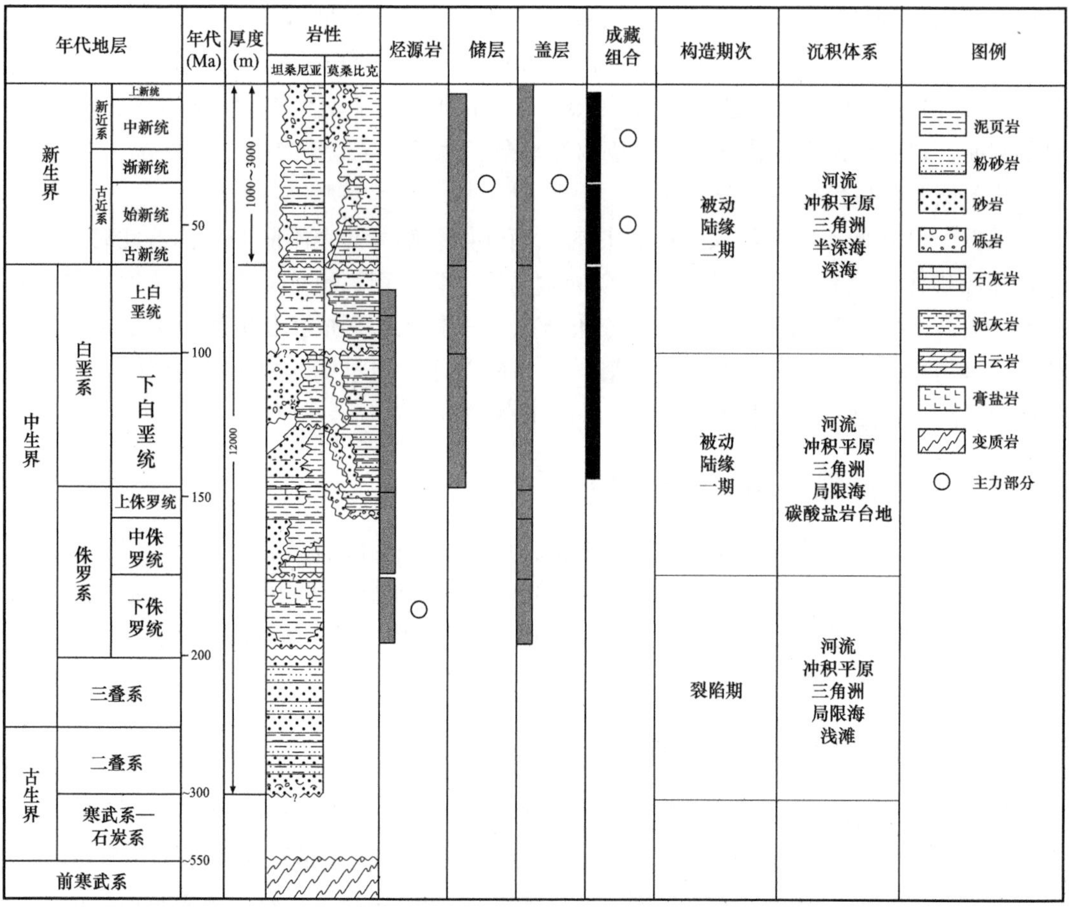

年代地层			年代(Ma)	厚度(m)	岩性（坦桑尼亚／莫桑比克）	烃源岩	储层	盖层	成藏组合	构造期次	沉积体系	图例
新生界	新近系	上新统	50	1000~3000					○	被动陆缘二期	河流 冲积平原 三角洲 半深海 深海	泥页岩
		中新统										粉砂岩
	古近系	渐新统										砂岩
		始新统										砾岩
		古新统										石灰岩
中生界	白垩系	上白垩统	100	12000						被动陆缘一期	河流 冲积平原 三角洲 局限海 碳酸盐岩台地	泥灰岩
		下白垩统										白云岩
	侏罗系	上侏罗统	150									膏盐岩
		中侏罗统										变质岩
		下侏罗统									裂陷期	河流 冲积平原 三角洲 局限海 浅滩	○ 主力部分
	三叠系		200									
古生界	二叠系		300									
	寒武系—石炭系		550									
前寒武系												

图 1-5　东非被动陆缘盆地综合柱状图（据崔志骅，2016；童晓光，2015；张光亚等，2015）

陆内裂谷期二叠系—三叠系卡鲁群充填层序在东非大陆边缘比较发育，分布比较广泛，主要分布在大陆边缘南段的莫桑比克盆地、穆龙达瓦盆地和鲁伍马盆地浅海区中北部。

陆间裂谷期下侏罗统充填层序主要分布在东非大陆边缘北段索马里盆地穆杜格凹陷、摩加迪沙凹陷浅海区、德拉卢格凹陷中央北东向展布的窄条带，拉穆盆地中央条带，坦桑尼亚盆地及鲁伍马盆地。部分地区可见下侏罗统蒸发岩，如坦桑尼亚盆地曼达瓦凹陷中遍布下侏罗统 Mondwa 蒸发岩组盐岩。

二、被动陆缘一期充填特征

由于该时期对应于包含马达加斯加板块的东冈瓦纳大陆相对于非洲大陆向南的漂移，初期海底扩张作用开始，东非大陆边缘为广泛的海相沉积，鲁伍马盆地、坦桑尼亚盆地及拉穆盆地均有分布。

三、被动陆缘二期充填特征

该阶段东非陆缘盆地群均发育了坳陷期沉积物，同时随着海平面不断升降，东非海岸区域广泛发育滨海潟湖相、局限海相及浅海相等沉积，盆地西部陆上部分发育河流沉积和三角洲沉积。

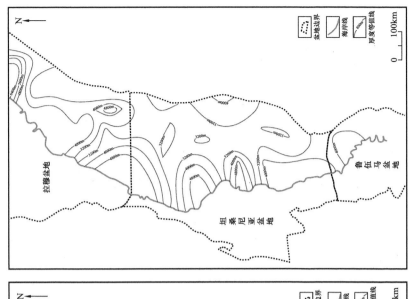

图 1-8 东非被动陆缘盆地白垩系厚度图

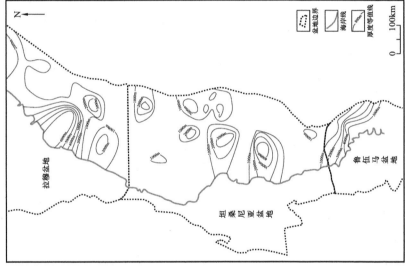

图 1-7 东非被动陆缘盆地中—上侏罗统厚度图

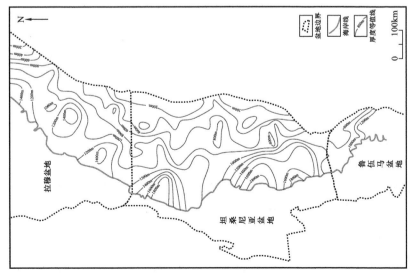

图 1-6 东非被动陆缘盆地下侏罗统厚度图

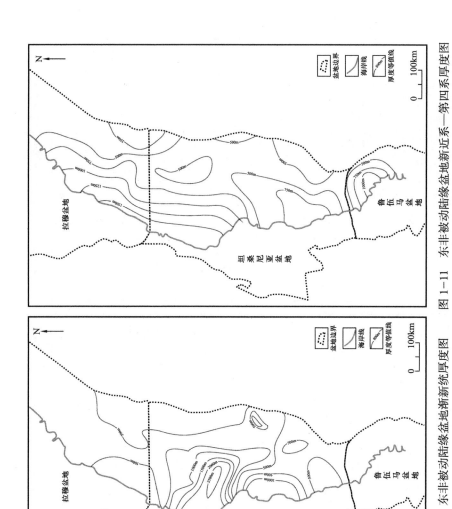

图 1-11 东非被动陆缘盆地新近系—第四系厚度图

图 1-10 东非被动陆缘盆地渐新统厚度图

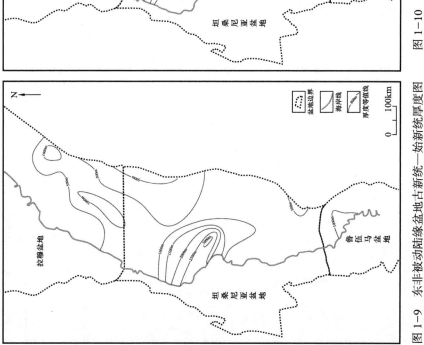

图 1-9 东非被动陆缘盆地古新统—始新统厚度图

第四节 勘探历程

研究区的油气勘探始于 20 世纪 50 年代。1952 年，bp 公司分别在坦桑尼亚盆地的近岸地区及彭巴（Pemba）、桑给巴尔（Zanzibar）和马菲亚（Mafia）岛钻探了四口"野猫井"，均有油气显示，但 Mafia-1 井结果不理想，最终 bp 公司放弃了该井。1960 年 bp 公司在拉穆盆地肯尼亚境内钻探第一口探井 Walu-1 井，结果为干井。1962 年，bp—Shell Tanzania 公司钻探坦桑尼亚盆地的第一口油气勘探井 Pemba-5 井，见油气显示。之后，bp 公司在拉穆盆地肯尼亚境内钻探 Pandangua-1 井等几口油气显示井。20 世纪 70 年代，bp 公司又在拉穆盆地肯尼亚境内钻两口油气显示井，Texas Pacific 公司在拉穆盆地钻 Hagarso-1 井于白垩系见油气显示。20 世纪 80 年代，Petro—Canada 公司在拉穆盆地钻 Kencan-1 井，未见油气显示。1974 年，Agip 公司在坦桑尼亚盆地近海钻探了两口井，发现了一个中型油气田——Songo Songo 气田，该气田是研究区目前唯一在产的气田。1981 年 Cities Service 公司在拉穆盆地钻 3 口井，其中 Maridadi-1B 井完钻井深为 4197m，在渐新统—中新统见油气显示。1982 年 6 月，Agip—bp Amoco 在鲁伍马盆地的鲁伍马三角洲钻探了第一口新油田探井 Mnazi Bay 1，该井发现了油气。1985 年 Union Oil Kenya 公司在拉穆盆地钻 Kofia-1 井，完钻井深为 3629m，在白垩系见气显示。20 世纪 80 年代，bp 公司、TPDC（Tanzania Petroleum Development Corporation）以及 IEDC（International Economic Development Council）在坦桑尼亚盆地共钻探了 7 口预探井，除了其中一口井是干井以外，其他均有油气显示。Woodside 公司于 2007 年在拉穆盆地 L05 区块钻探 Pomboo-1 井，完钻井深为 4886m，未获得油气发现。

2010 年，东非海域油气勘探率先在鲁伍马盆地北部深水区获得重大突破，Anadarko 公司在该区域所钻 Winjdammer-2ST 井发现天然气可采储量 $5 \times 10^{12} ft^3$。2010 年 1 月 Tullow 公司在鲁伍马盆地打下了该公司的第一口预探井 Likonde 1，到 2010 年 4 月，该井中发现了含有油气显示的厚层砂岩，并且该井中发现有残余油气的地层厚度达 3647m 及总厚度超过 250m 相间分布的砂岩，该井位于 Mnazi Bay 气田以西 40km 处，最终在最深的含油气砂岩段终止钻井。2010 年 10 月，坦桑尼亚盆地南部深水区也获得突破，BG 公司在坦桑尼亚 4 区块钻 Pweza-1 井获得商业性气流，可采储量达 $1.7 \times 10^{12} ft^3$。2010—2014 年，壳牌、Statoil 等公司在该区域的勘探共获得 19 个天然气发现，总可采储量为 $28 \times 10^{12} ft^3$。受鲁伍马盆地深水和坦桑尼亚盆地南部深水世界级气田发现的鼓舞，BG 和 Apache 等公司在拉穆盆地肯尼亚海域钻 4 口探井，其中 Mbawa-1 井和 Sunbird-1 井分别获得气层和油气层发现，总可采储量为 $3886 \times 10^8 ft^3$。2012 年年中 BG 公司在 3 号区块钻探了 Papa1 预探井，这口井在坎潘阶砂岩中发现了 89m 的含气柱。综上所述，东非海岸的天然气自 2010 年在鲁伍马和坦桑尼亚盆地南部勘探取得突破以来，获得了一系列的重大发现，使该地区成为世界天然气勘探的热点地区。

总体而言，东非海域北段三个盆地目前总体勘探程度较低，属于低勘探程度盆地。

三个盆地中，坦桑尼亚盆地和鲁伍马盆地探井密度相对较高，分别为 $1712km^2/$ 口和 $3457km^2/$ 口，拉穆盆地探井密度则很低，仅为 $10321km^2/$ 口。除鲁伍马盆地外，其他两个盆地陆上探井密度都高于海上。各盆地海域勘探程度差异也较大，鲁伍马盆地海域部分探井密度最高（$1106km^2/$ 口），坦桑尼亚盆地海域部分探井密度低于鲁伍马盆地，为 $5014km^2/$ 口，拉穆盆地海域部分探井密度最低，仅为 $13153km^2/$ 口。

据不完全统计，东非海域北段鲁伍马、坦桑尼亚和拉穆盆地共采集二维地震 10.12×10^4km，三维地震 $3.49\times10^4km^2$。地震资料分布不均衡，三维地震集中分布于坦桑尼亚盆地海域中南段和拉穆盆地肯尼亚海域。二维地震同样分布不均，拉穆盆地陆上和海域的索马里部分测线较少，坦桑尼亚盆地南部陆上区域测线也较少。

东非陆缘盆地群深水区油气发现以天然气为主，已发现天然气储量为 $176\times10^{12}ft^3$。平面上气田主要分布于 Kerimbas 地堑西侧、Mafia 深水次盆中，纵向上主要富集层位为始新统—渐新统，其中以渐新统最为突出，占总发现储量的 60% 以上。据统计，坦桑尼亚盆地中发现的大小油气田共有 20 个，鲁伍马盆地中共有 19 个，其中进入商业开发的气田只有一个，即坦桑尼亚盆地 Songo Songo 气田，其 2P 可采储量为 $0.77\times10^{12}ft^3$（据 Wood Mackenzie 公司）。Songo Songo 气田于 2004 年开始商业开发，主要为达累斯萨拉穆的电力企业和工业企业供气。Songo Songo 气田作业者为 Orca 公司（Orca Energy Group），占 100% 权益，合同于 2026 年 10 月到期。截至 2021 年底，累计产气约 $4880\times10^8ft^3$，剩余天然气 2P 可采储量为 $2890\times10^8ft^3$。

第二章 盆地构造特征

第一节 盆地断裂及构造特征

一、断裂特征

如前所述,研究区主要经历了裂陷期和两期被动陆缘期。裂陷期以发育伸展正断层为主,被动陆缘一期以发育走滑断层为主,被动陆缘二期也多发育正断层,故断裂系统可分为三期(图2-1—图2-3)。

1. 二叠纪—早侏罗世

在二叠纪—三叠纪,拉穆盆地、坦桑尼亚盆地和鲁伍马盆地处于裂陷期,区域上以伸展应力场为主,正断层常见,控制着局部凹陷的发育。至早侏罗世,随着冈瓦纳大陆由西北向东南的裂解,海底开始扩张,上述各盆地进入陆间裂谷阶段,充填了陆间裂谷阶段沉积的地层,裂陷期断层多终止于下侏罗统。断层断距一般较大,超过300m(200ms),断穿地层一般包括二叠系、三叠系和下侏罗统;倾向向东或向西,平面延伸长度一般为50~200km。

2. 中侏罗世—早白垩世

受马达加斯加板块向南漂移的影响,走滑应力作用明显,发育走滑及其派生断层;主要发育3条倾角高陡的大型断层,即Seagap走滑断层、Davie西走滑断层和Davie东转换断层(图2-4、图2-5)。

Seagap走滑断层呈南北走向,贯穿坦桑尼亚盆地,平面延伸长度超过400km。断层在地震剖面上呈花状构造(图2-4、图2-5),较直立,具有明显的走滑特征,断距变化较大(0~500m);断层自中—晚侏罗世以来持续活动至早白垩世末期,晚白垩世以来以正断层性质继承性活动,至渐新世后活动逐渐减弱,断层断穿二叠系—新生界全部地层,部分地震剖面可见断层断至海底。

Davie西走滑断层位于Seagap走滑断层以东约110km,呈北北西走向,贯穿坦桑尼亚盆地,平面延伸长度超过500km。虽然断层主体活动始于中—晚侏罗世,但局部区域继承于裂陷期的初始断层。从地震剖面上看,Davie西走滑断层可断穿上覆全部地层,表明断层后期持续活动;断层在剖面上较直立,微向西倾,部分测线可见断层在侏罗纪之前控制着局部凹陷的发育,断距可达1000m。

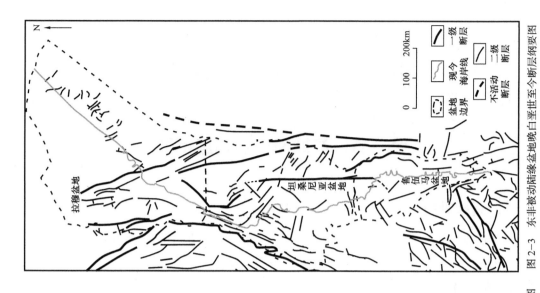

图 2-3　东非被动陆缘盆地晚白垩世至今断层纲要图

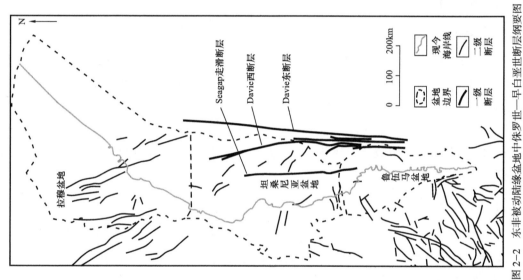

图 2-2　东非被动陆缘盆地中侏罗世—早白垩世断层纲要图

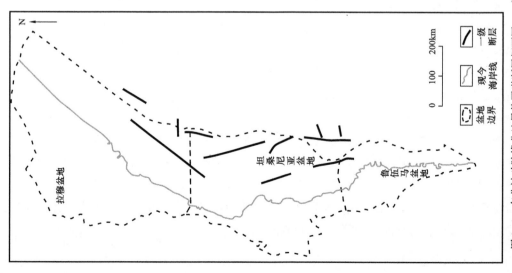

图 2-1　东非被动陆缘盆地早侏罗世断层纲要图

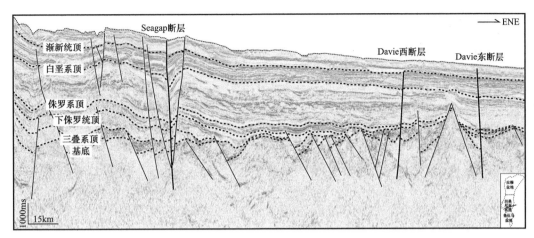

图2-4 坦桑尼亚盆地南部骨干地震剖面图

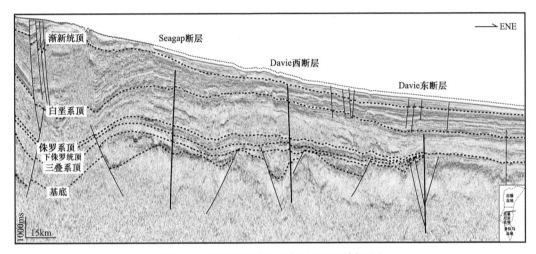

图2-5 坦桑尼亚盆地北部骨干地震剖面图

Davie东转换断层位于Davie西走滑断层以东约40km，呈北北东走向，为洋壳、陆壳分界，断层断距一般较小，较直立，微向西倾。断层在地震剖面上特征不明显，但在磁力异常图上较明显，对应于磁力异常值走向变化的界线；断层平面延伸长度超过2000km，断层一般终止于晚白垩世，断穿二叠系—白垩系。

3.晚白垩世—新生代

坦桑尼亚盆地在新生代（特别是新近纪之后）受伸展应力场控制，主要发育伸展正断层。断层断距一般较小（<100m），断过地层一般是新生界，倾向向东或向西；平面延伸长度一般小于40km。拉穆盆地Coastal凹陷的白垩纪—新生代构造活动以非基底卷入型的重力滑脱为主，断层多终止于白垩系中部的厚层泥岩滑脱层，断距可达500m，倾向向西，断层平面延伸长度短。

二、构造特征

由于所获地震测网主要分布于Seagap走滑断层以东，因此仅对坦桑尼亚盆地南部

Seagap 走滑断层以东区域进行构造特征描述。

1. 下侏罗统顶面

埋深大，超过 5500m（含水深），坳陷区深度超过 10000m（含水深）。整体呈"两隆夹一坳"的构造格局，包括 Seagap 东隆起带、Seagap 东坳陷带和 Davie 西隆起带。

Seagap 东隆起带位于 Seagap 走滑断层以东，呈南北走向，东西宽约 25km，存在多个局部构造高点，构造幅度一般超过 200m（限于地震测网与成图网格，局部构造精度存在一定不确定性）；Seagap 东坳陷带位于 Seagap 走滑断层以东约 50km，呈北北西—南南东走向，存在两个局部深凹陷，面积可达 5000km^2；Davie 西隆起带为 Davie 西断层与 Davie 东断层夹持的隆起区，呈北北东—南南西走向，东西宽约 20km，存在多个局部构造高点，构造幅度一般超过 400m。

2. 白垩系顶面

埋深超过 3500m（含水深），构造格局与下侏罗统相似，具有一定继承性。但与下侏罗统相比，Seagap 东坳陷带北部发生了构造反转，面积明显减小，面积约 2500km^2。此外，Davie 西隆起带构造幅度明显减小。

三、构造样式

构造样式是同一期构造变形或同一应力场作用下形成的构造总和。东非海域的构造样式主要为伸展和扭动构造样式，局部地区表现出挤压（反转）和重力构造样式。其中伸展构造样式包括 X 形正断层、盖层滑脱式和基底卷入式三类。X 形正断层构造样式包括新生型和继承型，盖层滑脱式包括铲式正断层、滚动背斜、地堑和半地堑等，基底卷入式以断块和断阶为主。扭动构造样式的基底和盖层统一变形，有负花状和正花状构造两种类型，以负花状构造为主。挤压（反转）构造样式包括正反转构造、褶皱和单冲式逆断层等。重力构造样式常见岩浆底辟、重力滑脱、盐构造和泥底辟等（表 2-1，图 2-6）。

表 2-1　东非被动陆缘盆地构造样式类型

构造样式		典型构造要素
大类	亚类	
伸展构造样式	X 形正断层	新生型 X 形正断层、继承型 X 形正断层
	盖层滑脱式	铲式正断层、滚动背斜、地堑、半地堑、坡坪式断层与断弯背斜
	基底卷入式	断块、断阶
扭动构造样式	基底—盖层统一变形	负花状构造
挤压（反转）构造样式	基底卷入式	正反转构造、单冲式逆断层
重力构造样式	重力滑脱	
	岩浆底辟	

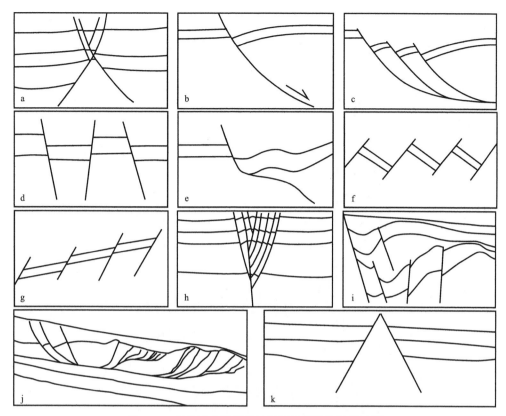

图 2-6　东非被动陆缘盆地断裂及相关构造模式图

a. X 形断层；b. 铲式正断层与滚动背斜；c. 叠瓦式正断层与滚动背斜；d. 地垒与地堑；e. 坡坪式断层与断弯背斜；
f. 反向断阶；g. 同向断阶；h. 负花状构造；i. 正反转构造；j. 重力滑脱构造；k. 岩浆底辟；a—g 为伸展构造样式；
h 为扭动构造样式；i 为挤压构造样式；j 和 k 为重力构造样式

1. 伸展构造样式

伸展构造样式是东非海岸地区的主要构造样式。根据 X 形正断层断开层位的差异，可将东非海岸地区的 X 形正断层分为新生型和继承型两类。新生型 X 形正断层基本只由倾向相反的两条断裂组成，这两条断裂都未断至基底，断距较小，整体形态简单，表现为对称的 X 形结构（图 2-7a）。而组成继承型 X 形正断层的断裂已断至基底，下部形态较简单，主要由 1 条或 2 条具有较大断距的断裂组成，而上部发育多条断裂，其断距都较小，组合形成多种不同样式。根据继承型 X 形正断层下部断裂的发育状况，又可将其分为非对称型和对称型两类。对称型的断裂下部发育 2 条产状相近的大断裂，上、下断裂形态基本对称（图 2-7b）。而非对称型的下部断裂产状差异较明显，主要发育单条具有较大断距的断裂（图 2-7c）。此外，相邻的多个 X 形正断层还可以发生相互作用，形成形态更为复杂的连锁 X 形正断层体系。在东非海岸地区，新生型 X 形正断层主要发育于白垩系及以上地层，继承型 X 形正断层断穿研究区所有沉积地层。

盖层滑脱式构造样式是基底不参与变形的构造样式，也称为薄皮构造。在东非海岸地区盖层滑脱式构造样式广泛发育（图 2-7d—f），主要是由于在裂陷期和被动陆缘二期东非海岸区域以伸展应力为主，正断层发育，断层倾向向西或向东。其中，裂陷期发育的正

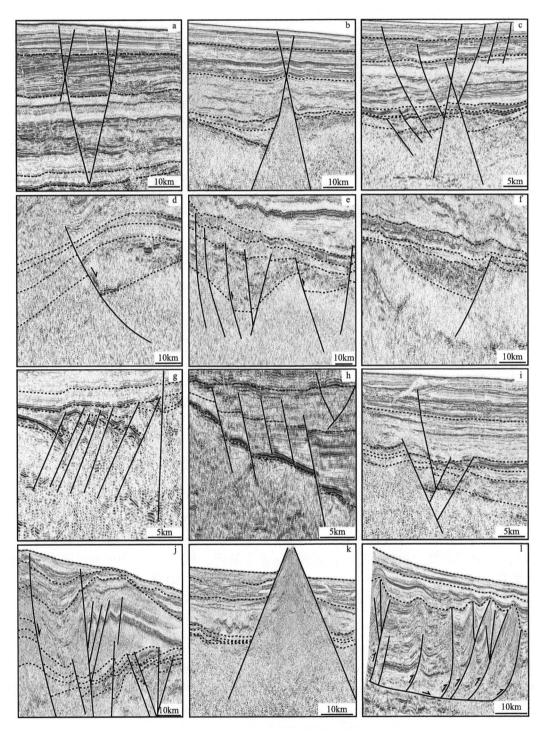

图 2-7　东非被动陆缘盆地典型构造样式图

a. 新生型 X 形正断层；b. 对称型的继承型 X 形正断层；c. 非对称型的继承型 X 形正断层；d. 铲式正断层；
e. 地垒与地堑；f. 半地堑；g. 反向断阶；h. 同向断阶；i. 负花状构造；j. 正反转构造；k. 岩浆底辟；l. 重力滑脱构造

断裂断距较大，一般超过 300m，平面延伸长度一般为 50～200km；被动陆缘二期发育的正断裂断距一般较小（＜100m），断穿地层一般有新生界，平面延伸长度一般小于 40km。

基底卷入式构造样式在研究区通常是在伸展构造背景下形成的，发育与正断层相关的构造样式，主要表现为断块和断阶构造，发育规模较小，平面延伸范围较短（图 2-7g、h）。

2. 扭动构造样式

东非海岸地区发育的扭动构造样式在剖面上有两种类型，即负花状和正花状构造，以负花状构造为主。花状构造在坦桑尼亚盆地和鲁伍马盆地分布较广，剖面上发育层位较多，一般在基底—渐新统顶部发育，并且多数断穿基底，其可能受马达加斯加板块向南漂移的影响，走滑应力作用明显（图 2-7i）。

3. 反转构造样式

反转构造是构造变形作用发生反向变化所产生的与前期构造性质相反的一种叠加构造，可分为正反转构造和负反转构造两种类型。正反转构造具有早期受拉张下沉，晚期受挤压上隆的"下正上逆"的特点。负反转构造与之恰好相反。

研究区反转构造发育于拉穆盆地，拉穆盆地南部在早白垩世—晚白垩世早期为沉降中心，晚白垩世受印度板块逆时针旋转影响发生反转。在地震剖面上观察，白垩系较厚，以弱振幅反射为主，以半深海沉积为主，局部强振幅反射为浊积扇沉积。新生界呈西厚东薄的特征，西侧断裂较发育（图 2-7j）。

4. 重力构造样式

重力构造样式是由于重力作用导致地层滑动形成的一种构造样式，在研究区重力构造样式可以分为两种，即岩浆底辟和重力滑脱构造。

底辟构造是一类重要的含油气构造样式，其分布范围十分广泛。根据组成底辟构造岩体的差异，可将底辟构造分为盐底辟、泥底辟和岩浆底辟三类。东非海域地区目前已发现的底辟构造为岩浆底辟（图 2-7k），主要位于拉穆盆地南段—坦桑尼亚盆地北段，底辟剖面呈尖锥形，平面呈圆形，直径为 10km，剖面刺穿深度超 10km。

鲁伍马盆地和拉穆盆地的近海区域发育两套重力滑脱构造（图 2-7l），构造解析表明两者虽然同是以泥岩为滑脱层的典型重力滑脱构造，但两者在滑脱层位、构造样式及其差异原因、变形时间及变形机制等方面均有明显差异。从滑脱层位来看，鲁伍马盆地深水褶皱冲断带为始新统泥岩，而拉穆盆地深水褶皱冲断带为下白垩统 Walu 页岩。从构造样式及其差异原因来看，鲁伍马盆地深水褶皱冲断带北段为单一滑脱层，南段则发育多套滑脱层，导致构造样式南北差异的原因主要为滑脱层厚度和岩性差异。拉穆盆地深水褶皱冲断带沿岸线走向自北向南逐渐变窄，倾向上由向盆的不对称叠瓦逆冲席向近岸的对称滑脱褶皱过渡，其构造样式差异原因为岩浆活动和滑脱层厚度差异。从变形时间来看，鲁伍马盆地深水褶皱冲断带主要为渐新世—早中新世，而拉穆盆地深水褶皱带变形初始时间较早，为晚白垩世—早中新世。从变形机制来看，鲁伍马盆地深水褶皱冲断带主要为渐新世以来东非裂谷活动导致的陆内抬升和沉积载荷有关，而拉穆盆地深水褶皱冲断带为晚白垩世以来的快速沉积载荷所致。

第二节 盆地构造单元

受限于测网密度，鲁伍马盆地、坦桑尼亚盆地以及拉穆盆地三者之间的边界难以确定，目前的盆地边界以国家地理边界暂代。基于此，本章在划分盆地构造单元时将三者作为整体考虑。另外，由于研究区不同时代的构造活动不完全具有继承性，因此需要针对不同的时代划分相对应的构造单元。考虑到研究区的主力烃源岩主要发育在裂陷期，同时主要储层发育在被动陆缘二期，因此在研究区共划分出裂陷期（主要针对早侏罗世）和被动陆缘二期两套构造单元。

一、被动陆缘二期构造单元

在确定一级构造单元边界时，虽然 Davie 东转换断层在被动陆缘二期活动相对较弱，但考虑到其作为被动陆缘一期的板块漂移边界断层，在磁力异常图上具有较好的识别度，因此仍将其作为被动陆缘二期一级构造单元的边界之一。研究区西部地震资料覆盖较少，在重力异常图上可以明显看到 Pemba 断层附近的两个异常高值区，因此以该高重力异常单元的西边界作为被动陆缘二期一级构造单元的另一条边界。以此两条边界线为基准，结合构造变形差异，将被动陆缘二期划分为 3 个一级构造单元，自西向东分别是西部坳陷带、中部斜坡带和深海平原带（图 2-8），并进一步识别出 19 个二级构造单元（图 2-9）。

在被动陆缘二期构造单元中，从剖面上看西部坳陷带的构造格局表现为一个负向构造单元，同时由于晚期挤压作用表现出中部褶皱、两翼冲断的构造特征。在西部坳陷带中识别出 5 个二级构造单元，分别为 Garissa—Hagarso 凸起、Lach—Dera 凸起、Ruva 凸起、Dares—Salaam 凸起，以及基底凸起。

中部斜坡带整体为宽缓斜坡，西高东低，其主要的二级构造单元包括拉穆深水褶皱冲断带、鲁伍马深水褶皱冲断带、Davie 构造带，以及 Kerimbas 凹陷等。拉穆深水褶皱冲断带位于中部斜坡带北部，是典型的重力滑脱构造样式。Davie 构造带主要位于斜坡带东部，可分为东西两支：西支为 Walu—Davie 反转带，有反转构造特征；东支北部较平缓，向南受挤压抬升与走滑双重应力作用影响，表现为由断裂切割形成一系列断块组合特征，从该构造带的动力学特征看，受走滑运动影响较大且走滑应力北弱南强。Kerimbas凹陷受到晚期张裂作用影响，晚期断层活化，使地层沿断层裂陷，形成该区域的堑垒构造组合样式。鲁伍马盆地深水褶皱冲断带随鲁伍马三角洲的形成而演化，由陆向海形成独特的生长断裂带、泥底辟构造带、逆冲褶皱带和前缘缓坡带。

深海平原带构造较为平缓，整体表现为一个向海延伸的构造缓坡，其中发育一些小型褶皱。

二、裂陷期构造单元

由于缺乏陆缘盆地西部下侏罗统的相关资料，因此针对研究区的裂陷期构造单元只能依据现有的地震资料解释成果划分，基于识别的主要断层及其构造样式的差异，裂陷期构造单元也可划分为 3 个一级构造单元，自西向东分别是西部坳陷带、中部斜坡带、东部隆起带（图 2-10），并进一步识别出 23 个二级构造单元（图 2-11），包括 13 个凹陷和 10 个凸起。

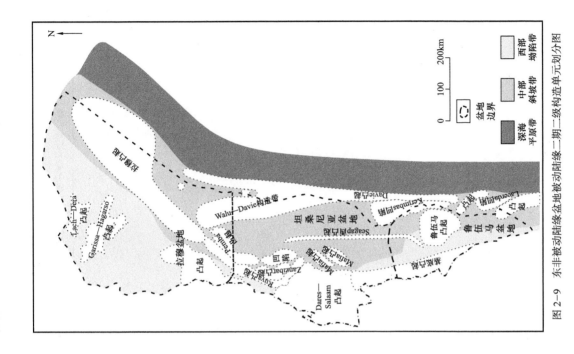

图 2-9　东非被动陆缘盆地被动陆缘二期二级构造单元划分图

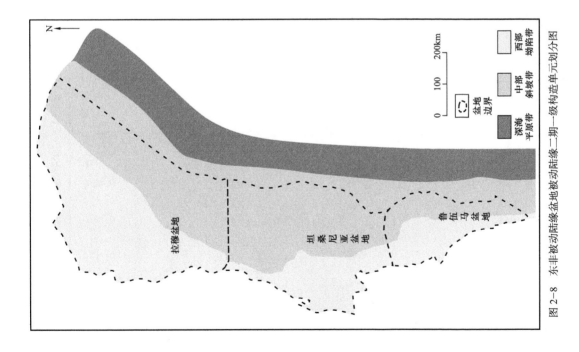

图 2-8　东非被动陆缘盆地被动陆缘二期一级构造单元划分图

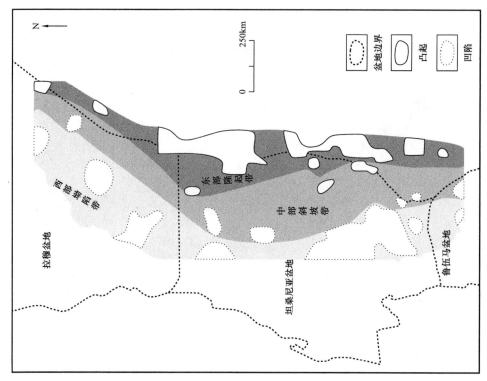

图 2-11 东非被动陆缘盆地裂陷期二级构造单元划分图

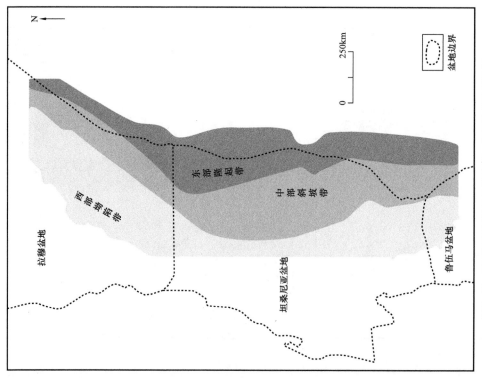

图 2-10 东非被动陆缘盆地裂陷期一级构造单元划分图

第三节　重点构造单元构造特征

由于东非陆缘盆地群目前油气勘探突破主要位于海上，而深海平原带烃源岩不太发育，因此本节选取中部斜坡带的四个重点二级构造单元进行构造解析，分别是鲁伍马重力滑脱带（鲁伍马凸起）、拉穆重力滑脱带（拉穆凸起）、Davie 构造带（Davie 凸起），以及 Kerimbas 凹陷。

一、鲁伍马重力滑脱带

1. 几何学特征

地震资料解释表明：鲁伍马重力滑脱带包括上倾方向的伸展域、下倾方向上的挤压域，以及连接二者的过渡域（图 2-12）。

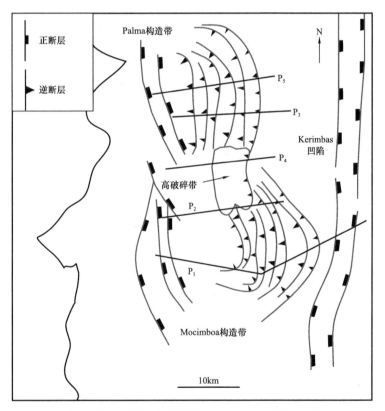

图 2-12　鲁伍马盆地深水褶皱冲断带平面分布图

伸展域横跨陆地和海上部分。陆地部分延伸达 50km，构造样式表现为铲式正断层，并且向下会聚至同一个滑脱面。伸展域向盆内（海）延伸达 30km，海域内的铲式正断层同样向下会聚至同一滑脱面。伸展变形导致旋转构造、上盘垮塌地堑以及区域反向正断层的形成（图 2-13、图 2-14）。位于海上部分的伸展域的北段与 Palma 构造带的过渡域相连，其构造样式以平行排列的北北西走向、东北东倾向、约 60°倾角的一系列正断层为特征。个别断层沿陆架走向延伸达 45km。断层倾角向东部逐渐从平面旋转正断层的 60°减小至铲式正断层的 40°左右。大多数新生代沉积体卷入了铲式正断层的变形,局部见半地堑构造样式。南段的伸展域主要发育一系列正断层,以南北走向为主,倾角较北段缓,平均为 45°。正断层延伸达 50km。伸展域在靠近过渡域位置处发育一系列共轭或反向断层与垮塌构造。

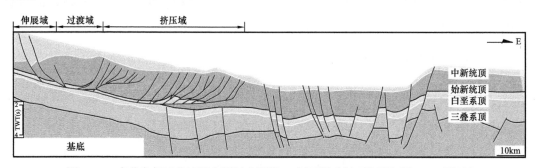

图 2-13　东非鲁伍马盆地深水褶皱冲断带 P_1 剖面图(剖面位置如图 2-12 所示)

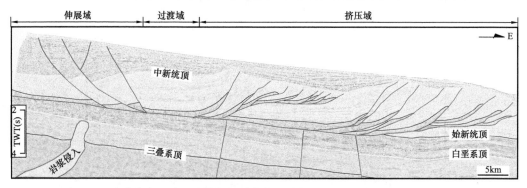

图 2-14　东非鲁伍马盆地深水褶皱冲断带 P_2 剖面图(剖面位置如图 2-12 所示)

过渡域属于伸展域和挤压域之间相对未变形的区带,南段的过渡域长度较北段长。过渡域的长度一般小于 20km,偶尔会出现缺失过渡域导致伸展域和挤压域直接相连的情况,比如 Palma 构造带的南段。

挤压域在平面上可分成两个形态突出的弧形区域,分别是北部的 Palma 褶皱冲断带和南部的 Mocimboa 褶皱冲断带。南部 Mocimboa 褶皱冲断带宽度平均达 18km,在其中段可达 25km(图 2-15)。北部 Palma 褶皱冲断带面积约 900km²,南部 Mocimboa 褶皱冲断带面积约 750km²。南北两部分均呈现相似的变形样式,如不对称的叠瓦扇和坡坪式构造样式。挤压域主要包括向盆内冲起的褶皱和前翼冲断层。一系列次级分支断层沿着主滑脱层顺序产出,形成了单个距离在 1.0~3.5km 之间的叠瓦扇。剖面上最常见的变形样式是盲冲断层向上终止于较明显的断展褶皱中。所有的逆冲断层均向下收敛于倾向盆内的滑脱层中,滑脱层埋藏深度为 4.0~4.5km。挤压域的南部和北部均有 8 个主要的逆冲相关背斜。最前缘的背斜前翼相对平缓,倾角约 20°,最靠近过渡域的背斜近直立,倾角可达 70°(图 2-16)。叠瓦扇向东逐渐消失,挤压域南部的中段形成了叠瓦状前翼，该前翼代表了全新世 Kerimbas 凹陷西侧的最前缘。南段发育一系列逆冲双重构造（图 2-16），即叠瓦逆冲序列的上部被第二条滑脱层所覆盖，其顶部被强烈削蚀，逆冲褶皱的痕迹被完全清除。一般来说，除了中部外，挤压域自上新世到更新世以来不太活跃。在挤压域中部，逆冲相关褶皱不太发育，少数发育的褶皱直接与海底接触，并且随后被削蚀（图 2-17）。

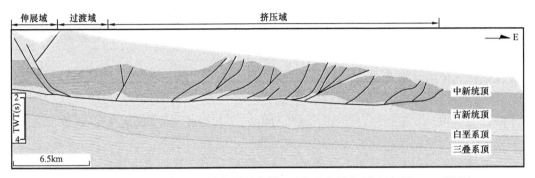

图 2-15 东非鲁伍马盆地深水褶皱冲断带 P_3 剖面图（剖面位置如图 2-12 所示）

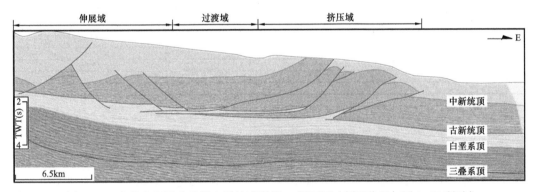

图 2-16 东非鲁伍马盆地深水褶皱冲断带 P_4 剖面图（剖面位置如图 2-12 所示）

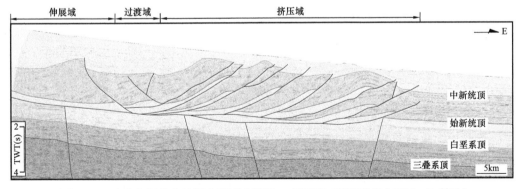

图 2-17 东非鲁伍马盆地深水褶皱冲断带 P_5 剖面图（剖面位置如图 2-12 所示）

2. 变形时间

鲁伍马重力滑脱带主要包括一个上倾方向上的伸展域与下倾方向的以不对称叠瓦扇和坡坪式结构为主的挤压域，该变形样式非常符合 Morley 等（2011）提出的沿着滑脱层之上的倾斜斜坡向下滑动的重力滑动模型。鲁伍马盆地深水叠瓦冲断带（挤压域）的变形样式主要受控于倾向盆内的滑脱层之上的叠瓦冲断层，同时岸上和陆架部分的伸展域由铲式正断层分割，整个重力滑脱系统从岸上到海上延伸130km，最远至目前的Kerimbas凹陷的位置。

发育在陆坡前缘的褶皱冲断带（挤压域）的主活动期应该介于渐新世和中新世，证据主要来源于两个方面：一是块状搬运多沿着古新世—始新世倾向盆内的滑脱层发生；二是褶皱带顶面的削蚀不整合面发育时间推测为中新世中晚期，其代表褶皱活动终止。

在东西向伸展变形背景下，渐新世—中新世鲁伍马三角洲沿滑脱层滑动，发育的裂谷构造样式主要为主控断层倾向向东的半地堑。

按目前认识，主要有三种原因可能导致鲁伍马重力滑脱带的形成：一是单个大型三角洲或多个三角洲向盆内注入大量碎屑沉积物；二是陆内抬升；三是上述两种机制兼而有之。即使假定沉积楔的进积、沉积差异载荷的驱动，以及重力滑动会导致海岸进积和褶皱冲断层的拓展，但较高的沉积速率仍然主要受控于渐新世以来的东非裂谷活动时伴生的隆起和侵蚀导致的河流搬运沉积。因此，鲁伍马盆地重力滑脱带的成因可能与鲁伍马陆内隆升有关，陆内隆升强化了沉积作用并驱使三角洲舌状体进积进入深水。

3. 南北段变形差异机理

鲁伍马重力滑脱带挤压域包括南、北两个明显的弧形深水褶皱冲断带，虽然两个褶皱冲断带的构造变形样式均以叠瓦逆冲断层为主，但两者变形仍具有较大的差异：一是Mocimboa深水褶皱冲断带多发育逆冲双重构造，而Palma深水褶皱冲断带以单一滑脱层冲断为主；二是Mocimboa深水褶皱冲断带的冲断层倾角相对较缓，平均约45°，而Palma深水褶皱冲断带的逆冲断层倾角较陡，平均约60°；三是Mocimboa构造带的转换域宽度较Palma构造带宽。

导致两者出现差异的原因可能是滑脱层性质的差异。钻井揭示滑脱层性质在整个滑脱体系中变化较大，由于南、北褶皱冲断带滑脱层的厚度和岩性存在差异，因而南、北两个褶皱冲断带的构造变形分别沿着不同的流变学性质或不同厚度的滑脱层发生，从而导致了构造几何学的差异。

二、拉穆重力滑脱带

拉穆盆地深水褶皱冲断带的构造样式沿着其倾向和走向均变化较大，为说明其变化特征，本节通过三条代表性剖面进行阐述。

1. 变形特征

1）北段变形特征

如图2-18所示的地震剖面位于三条剖面中的最北部，该剖面挤压域宽约170km，水深400~3500m。剖面的外带部分是一系列紧密排列的向盆内冲起的叠瓦冲断层和少数冲起构造。波长向陆地方向逐渐增加，并逐渐出现具有后翼倾角较缓的对称褶皱。倾向陆地方向的基底滑脱层位于下白垩统上部，并从浅水向陆地方向变深。在剖面的中带，由于地震资料品质较差，难以进行精细构造解释。一般说来，该部分以少数双向冲起构造为主，缩短量变小。在剖面内带，滑脱层倾向盆内，其上被高度旋转的地层覆盖，该地层可能是深水褶皱冲断带伸展域的一部分。

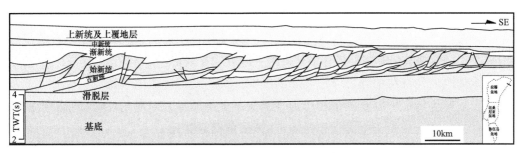

图 2-18 拉穆盆地深水褶皱冲断带北段剖面图

上白垩统卷入了外带逆冲席的变形，但古近系上部只是轻微的变形，并且始新统几乎没有变形。剖面西部的同伸展生长地层被认为是上白垩统—古新统，而古新统上部几乎没变形。据此，生长地层分析表明伸展域和挤压域的变形是同期的，均为晚白垩世—古近纪。

2）中段变形特征

如图 2-19 所示的地震剖面能清晰地反映出整个拉穆盆地中段深水褶皱冲断带的挤压区长达 180km，水深 900～2600m。剖面沿其走向可划分为具有不同构造样式的 4 个带，包括外带、中外带、中内带与内带。外带约 30km 宽，除了少数反冲构造外，整体表现为一系列叠瓦逆冲断层和向盆内冲起的逆冲相关褶皱。向陆地方向，中外带约 25km 宽，其变形特征主要是一系列陡倾连接紧密的逆冲断层，其与外带之间由相对弱变形区分隔。中内带宽约 60km，表现出复杂的几何形态，包括向盆内堆积的逆冲断层和双向冲起不对称的逆冲断层以及背驮式盆地。内带宽约 65km，主要为包括一系列底辟褶皱的大型对称滑脱褶皱。

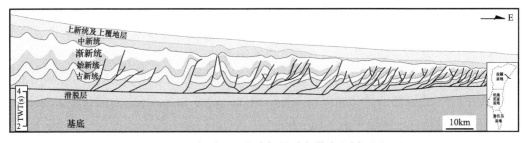

图 2-19 拉穆盆地深水褶皱冲断带中段剖面图

通过对该剖面进行深度域转换，能较好地落实基底滑脱层的深度。在逆冲断层的前缘，基底滑脱面位于上白垩统中部界面下方 350m 处，略微倾向陆地方向。向陆地方向，滑脱层逐渐加厚并逐渐变深。需要说明的是，在从东至西方向有两个台阶，主要位于外

带 / 中外带和中外带 / 中内带的边界处。在第二个台阶的西侧，基底滑脱层变得近水平。在内带，滑脱层由一系列多个几何形状和位置均近平行的强烈的水平反射层组成。

该剖面表明主变形期为古近纪，原因如下：（1）晚白垩世沉积地层虽然在整个剖面尺度上，从盆地向陆地方向上其厚度从外带的650m增加到内带的1300m，但并没有发生由于逆冲褶皱活动导致的地层柱加厚现象，符合前变形层特征；（2）在外带，古近系底部不整合面卷入了褶皱变形，并形成了背驮式褶皱的底界，厚达250m；（3）中外带和中内带中的古近系同变形层的厚度逐渐向外带方向变厚；（4）渐新统顶部不整合面虽然在中内带中有轻微褶皱，但在外带和中外带中并没有明显变形。

总体来说，外带和中外带以短间距的冲断系统为特征，而内带则以规模更大的双冲对称滑脱褶皱为特征。因此外带相比内带缩短率更加明显，对应的外带和中外带的褶皱波长只有2.5～3km，短于中内带和内带6～9km的褶皱波长。

3）南段变形特征

如图2-20所示的地震剖面位于拉穆盆地深水褶皱冲断带南段，其挤压域宽约50km，水深1600～2000m。依据井的标定，上白垩统内部的一个标志层比较容易追踪。

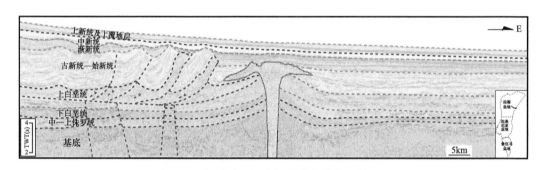

图2-20　拉穆盆地深水褶皱冲断带南段剖面图

在剖面的外带，一系列逆冲叠瓦断层收敛于底部一个共同的轻微西倾的基底滑脱层。这些逆冲断层均有较大的缩短量。逆冲相关褶皱的顶部均被抬升，抬升高度达到基底滑脱面之上4.5km。由于抬升高度较大，背斜顶部均有较大程度侵蚀。

这些逆冲席的大缩短量和变形抬升可能是受火山杂岩体的影响，该地区发育火山杂岩体，宽达15km，位于冲断带前缘的东部。火山活动应该在深水褶皱冲断带形成之前，原因有二：（1）从地震剖面上可以看到上白垩统内部标志层卷入了火山岩体变形，而之上的地层反射基本是水平的，故火山活动时间应该在晚白垩世末期，略早于逆冲席的主活动时间；（2）滑脱层的倾角向海方向逐渐增加，表明火山岩体成为逆冲岩席向海方向扩展的障碍，使得地层被迫向上叠加生长。

剖面的内带主要受控于两个轻微的对称褶皱，因此其缩短量较小。东部的滑脱褶皱向盆一侧主要受控于一条较陡的逆冲断层。西边的褶皱吸收了更多的缩短量，其顶部有轻微侵蚀，原因可能是受到古近纪不整合事件的影响。其几何形态包括一条反冲断层形成的冲起构造。

沿着整个剖面，同变形期的沉积地层表明挤压阶段的主活动期在晚白垩世和古近纪。然而，在剖面的内带，始新世不整合面显示了一个轻微的波状起伏现象，与下伏沉积层序的厚度变化并不协同。因此，这种波状现象并不能被简单地解释为差异压实，更多地暗示了持续至早中新世的递进变形。

2. 滑脱层岩性

Coffin 等（1982）首次通过对地震剖面的解释将褶皱冲断带划分为向陆方向的底辟带和向盆方向的沉积滑动带。底辟带被解释为上陆坡盐层向盆滑动的产物。基于该解释，作者假定了拉穆盆地海岸地区存在一个很宽的底辟盐省。盐岩沉积在一个受限的盆地环境中，最初时间限定在中侏罗世马达加斯加板块从非洲板块分裂出去的时间点。东非陆缘的盐层能被共轭的马任加盆地的相似底辟带的地震观察所支持。在过去的 30 年间，上述推断从未受到争议。然而，截至目前只在下侏罗统中发现了膏盐岩，中侏罗统及其上覆地层均未发现膏盐沉积。同时考虑到滑脱层对应的年龄以及地震反射特征，认为该地区的滑脱层更可能为页岩。

3. 深水褶皱冲断带构造样式

拉穆盆地深水褶皱冲断带在构造样式方面沿着倾向出现明显变化。外带一般是叠瓦逆冲系统，主要是向盆内冲起紧闭的逆冲断层，内带则以滑脱断层和间距较大的逆冲断层为主。与之相对应的，平均褶皱波长向陆方向从 2.5km 逐渐增大到 10km。观察到波长的增加可能与逐渐变化的缩短量的侧向变化有关。

主要构造样式沿倾向的变化可能主要与挤压带的滑脱层的厚度和流变学有关（Stewart，1999；Rowan et al.，2004）。研究表明滑脱层变厚可能更有利于褶皱和双向冲起构造的发育，而变薄的滑脱层可能更有利于叠瓦逆冲断层的发育。在拉穆盆地，卷入变形的页岩的厚度逐渐向陆方向增加（从 0.4km 到 1.5km），对应于滑脱面的逐渐变深。这种滑脱层变深的现象也会出现在其他重力驱动深水褶皱冲断带中，如尼日尔三角洲褶皱冲断带（Corredor et al.，2005；Connors et al.，2009）。只有典型的页岩滑脱型深水褶皱冲断带才具有这种滑脱层深度变化的现象，其原因在于多套超压页岩层能很好地支撑几何学复杂的基底滑脱层的发育。

在叠瓦系统内部，逆冲断层倾角在 15°~40°之间，一般表现为"S"形近铲式轨迹。上盘的背斜特点是具有倾角小于断层面的较长后翼和较短前翼。这种褶皱形态（剪切断弯褶皱）在世界范围内的一些其他深水褶皱冲断带中也能被观察到。另外部分褶皱表现出膝折弯曲样式。主逆冲断层上盘的小尺度断距被极少数反冲断层吸收，形成双向冲起构造。

滑脱褶皱有些轻微的不对称，陡翼经常被小型逆冲断层破坏（冲破逆冲断层）。在图 2-19 剖面的最内带，褶皱形似底辟构造，核部可能是超压的厚层可动泥底辟构造。基底页岩和局部的下拉效应是超压现象的直接证据。

4. 深水褶皱冲断带沿走向的宽度变化

拉穆盆地深水褶皱冲断带显示挤压域的宽度在沿走向方向具有较大的变化，在北段宽度为 150～180km，在南段仅仅只有 50km。

用于解释这种沿走向变化的原因有如下几种：一方面继承性的高基底和海山能影响挤压域的演化，如尼日尔三角洲深水褶皱冲断带，Charcot 裂缝带将褶皱冲断带分为两个独立的舌状体；另一方面重力变形过程的幅度也受沉积载荷的侧向变化（Poblet et al., 2011）和滑脱层力学性质（Mahanjane et al., 2014）的影响。

拉穆盆地深水褶皱冲断带沿走向的变化可能受控于索马里—肯尼亚边界复杂的陆源构造沉积演化，同时也与现今等深线有关。逆冲褶皱带北段之所以较宽，原因在于其位于一个具有稳定斜坡的张性陆缘处，随之伴生了大型三角洲的进积。逆冲褶皱带南段之所以较窄，原因可能在于其主要受控于明显的南北向的 Davie 构造带的影响，该构造带的主隆升期（晚白垩世）影响了盆地的配置和当时的古水深。现今继承性存在的构造带产生了窄陡的陆坡和较薄的上覆沉积载荷。上述因素可能使逆冲断层的继承性进积难以超出下陆坡。

一般来说，目前密度较小的二维测网制约了构造成像的侧向连续性检测。因此，尽管在其他大型重力驱动深水褶皱冲断带中可以见到伸展域和挤压域同期的连接系统，仍难以得出拉穆盆地深水褶皱冲断带是否拥有不同独立运动学的可能性。

在更大尺度上，地震剖面解释成果显示先存火山事件可能扮演了重要角色。至少有两个火山岩体位于最外带的前部，这可能表现出阻碍逆冲系统向盆内进积的障碍，这种假定的依据在于：（1）晚白垩世的火山事件出现在逆冲系统出现之前；（2）火山活动使得逆冲滑脱层所在的泥质沉积向陆方向挠曲倾斜。这种陆坡角度的变化可能继承了下陆坡的逆冲传播。

5. 变形时间

总的说来，生长地层分析表明拉穆盆地深水褶皱冲断带主要形成于晚白垩世—古近纪。DSDP241 井提供了图 2-19 剖面外带断层的活动时间，这些变形在古新世发生且没有卷入晚渐新世不整合事件。内带则表现出更早的活动时期，图 2-20 的生长地层和 Pomboo-1 井表明主变形期位于晚白垩世晚期。逆冲断层上盘的渐新世不整合面有轻微变形，反映出持续至早中新世的有限尺度的活动。类似渐新世不整合面的削蚀也能在图 2-19 中的最内带观察到。这些现象表明拉穆盆地的主活动期持续约 15Ma（晚白垩世晚期—晚古新世）。仅有少数局限在内带的变形活动时间更长，可能延长至早中新世。

三、Davie 构造带

Davie 构造带位于中部斜坡带的东缘，东部毗邻深海平原带。

1. Davie 构造带结构特征

1）平面分布特征

通过地区地形图（图 2-21）可以看出，Davie 构造带在南纬 11°～22° 之间构造特征较为明显，表现为近南北走向的构造脊且西侧倾角较陡，水深主要分布在 2000～3000m 之间，宽度约为 30km，平面上向南延伸，呈现为连接东非海岸与马达加斯加的构造带。

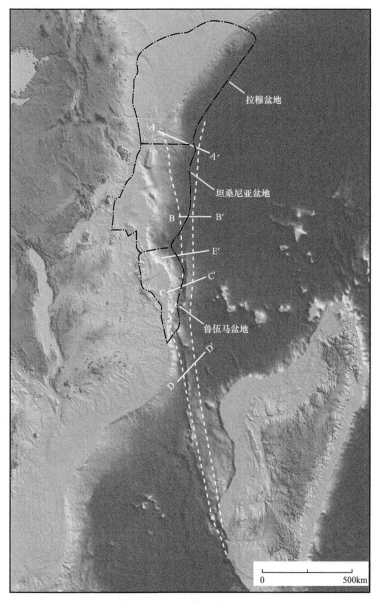

图 2-21 Davie 构造带地形图

由于 Davie 构造带北段逐渐倾伏，其平面特征难以厘定，但由于海底地形的变化是导致重力值出现偏差的原因之一，以及地壳运动过程中岩石能够记录与现今不同的地球磁场的变化，因此可结合自由空气重力异常图与磁异常图进行研究。通常在海拔相对较高地区，自由空气重力异常显示为正异常；相反，在地层厚度较大、地势低的地区则显示为负异常。图 2-22 显示南纬 10°～22°之间为正异常，说明该区域内海拔较高，地形隆起特征明显，与地形图中构造脊展布范围相对应；与之相反，南纬 6°～10°之间为负异常，表明 Davie 构造带展布范围可延伸至肯尼亚海岸边缘，并且该区域内海拔较低，地形特征表现为南北走向的负向单元。

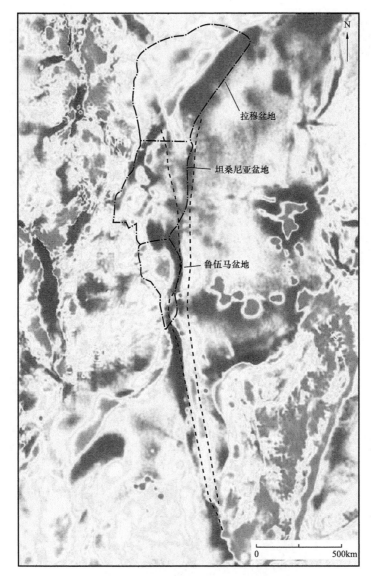

图 2-22　Davie 构造带重力异常分布图

　　磁异常主要是地壳内部磁性不同的岩石受磁场磁化而形成的附加磁场，磁异常条带也是海底扩张运动的证据之一。从东非海岸磁异常图中可看出 Davie 构造带分布连续（图 2-23），与一系列东西走向的磁异常条带垂直。位于构造带东侧，存在异常值较高的磁异常条带，正、负磁异常条带相间平行排列，向两侧延伸异常值减小，因此认为此处是洋中脊。除此之外，图 2-23 中还存在与 Davie 构造带走向接近平行的磁异常区，但延伸长度规模相对 Davie 构造带较小，可能是影响马达加斯加板块向南运动的一系列转换断层或断裂带，也可以进一步证明东非海岸与马达加斯加板块之间曾经发生过南北向的海底扩张。

图 2-23　Davie 构造带磁异常分布图

综上所述，Davie 构造带整体南北展布范围在南纬 6°～22°之间，南北地形差异明显，南部主要为构造脊，展布范围在南纬 10°～22°之间；北部主要表现为负向单元，展布范围在南纬 6°～10°之间。

2）剖面结构特征

剖面上，构造带具有反转、伸展、挤压与走滑性质，不同部位的结构特征表现出明显的差异性。综合地形与结构差异可将构造带分为南、北两段，北段可见正反转构造，平面上 Davie 构造带东西两支断层间距较大，南段走滑与挤压并存，包含 St. Lazare、Paisley、Macua、Sakalaves 等四座海山，位于南纬 11°～20°，东经 42°～43°之间。

Daive 构造带北段整体为东倾的斜坡结构，剖面可见负花状构造及正反转构造，表明构造带发生过走滑伸展及挤压变形。构造带东西两侧的边界断层分别为 Davie 东断层、

Davie 西断层。前文已述，Davie 东断层断穿基底，倾向近直立，为洋壳与陆壳的边界转换断层，从基底向上断穿至下侏罗统顶；Davie 西断层规模相对较大，表现为正断层，倾向向西，可从基底向上断穿至渐新统。受马达加斯加板块在漂移过程中发生旋转与印度板块向非洲板块挤压的影响，Davie 构造带形成局部挤压变形，东、西两支断层之间发育 Walu—Davie 凸起与 Davie 东凸起，分别形成于晚白垩世与晚侏罗世（图 2-24a）。Davie 构造带北段在渐新统中发育较多小规模断层，东、西两支断层之间可见负花状构造，白垩系中断层极少发育，整体上自西向东地层结构变化幅度小，产状稳定（图 2-24b）。

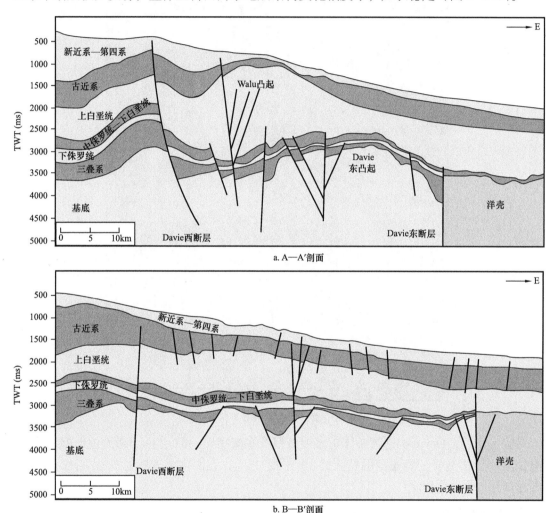

图 2-24 Davie 构造带北段地质剖面图

Davie 构造带南段整体呈"东高西低"的构造格局，构造脊特征较明显。受东非海岸构造演化影响，Davie 东、西断层在平面上距离较北段窄，在地震剖面中可见负花状构造、半地堑以及地堑等构造样式。Davie 西断层兼具拉张与走滑性质，受此影响，Kerimbas 凹陷呈地堑结构，向东侧以 Davie 西断层为界过渡为构造脊。Davie 东、西断层进一步向南端转变为滑脱断层，分布于 Paisley 海山两侧，受重力驱动及滑脱作用影响，Davie 构造带西侧发育沉积挤压区与一系列正断层，而整体上东侧地层沉积相对稳定（图2-25）。由于早期的转换挤压作用，导致构造挤压区下部的上侏罗统中发育大量生长楔，向北过渡逐渐往西北方向偏移，最终消失于东非海岸的大陆边缘，为一系列正断层组成的半地堑—地堑结构所取代。

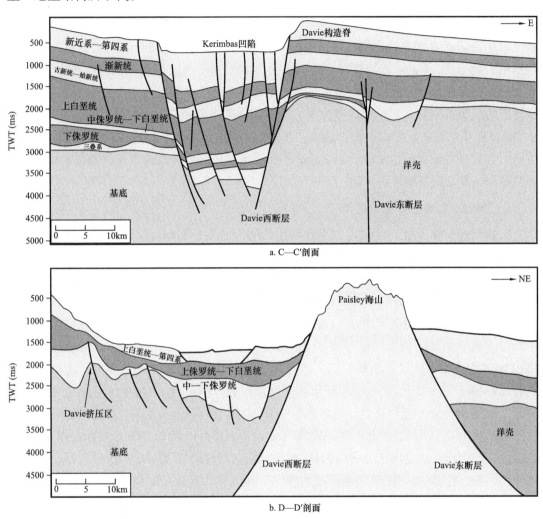

图 2-25　Davie 构造带南段地质剖面图

3）Davie 东断层边界

通过对磁异常资料与地震资料解释的综合观察，发现 Davie 构造带实际上为东非海岸洋壳与陆壳的过渡带，其主要控制断层为 Davie 东断层、西断层，平面上呈亚平行排列。在磁异常图中可以观察到东非海岸东测磁异常条带呈东西向平行排列分布，但在东非海岸西侧，正负磁异常分布不均匀，规律性较差，洋壳与陆壳以南北展布的磁异常条带为界（即 Davie 构造带），而且地震解释资料显示，在 Davie 东断层的东侧，缺失陆内裂谷阶段沉积的二叠系—三叠系。因此，综合以上特征认为，Davie 构造带为洋陆转换边界，其西侧为陆壳，东侧为洋壳。

2. Davie 构造带演化特征

受板块运动影响，不同时期东非海岸主要的构造应力不同，因此断层性质也随之改变。在晚石炭世—早侏罗世，裂谷发育，东非海岸发生东西向强烈伸展运动，并产生南北向裂谷系，在地震剖面上可见明显的半地堑、地堑以及地垒等构造样式，Davie 西断层此时为正断层，Davie 东断层尚未出现；中侏罗世—早白垩世，马达加斯加板块向南漂移，从区域构造运动方面来看，构造带这一时期发生走滑运动，是冈瓦纳大陆裂解产生的剪切作用力的结果，Davie 构造带东、西两条边界断层剖面上近直立，呈现花状构造样式，具有明显的走向位移性质。晚白垩世至今，东非裂谷海上分支发生伸展运动，Davie 构造带附近的震源机制解多数显示正断性质。计算构造带南纬 6°～15°断层生长指数，结果显示 Davie 西断层在古近纪以来较为活跃；其中，在测量范围内，构造带两端相对中间较为活跃，生长指数最大可达 1.88，而 Davie 东断层在早白垩世之后的生长指数都接近 1，说明在早白垩世之后基本停止活动。

1）Davie 构造带北段构造演化

三叠纪—早侏罗世，此时对应东非海岸的裂谷阶段，东非海岸西侧构造活动相对东侧较强，Davie 构造带在这一阶段的主要应力为张应力，地层在原先基底结构的基础上沉积，整体呈现为"西厚东薄"的特征，沉积中心位于 Davie 构造带西侧。中侏罗世—早白垩世，马达加斯加板块向南沿 Davie 构造带漂移，该阶段构造带的主要应力为剪切应力，断裂活动相对上一时期有所增强，Davie 东断层、西断层均发生走滑运动，并派生一系列正断层，次级断裂的伸展活动导致了 Davie 构造带西侧沉积中心向 Davie 西断层东侧迁移；Davie 构造带东侧开始出现洋壳，洋壳与陆壳以 Davie 东转换断层为界，在海底扩张引起局部挤压的环境下，Davie 东断层西侧地层凸起，Davie 构造带整体呈现为"两凸夹一凹"的结构特征。晚白垩世，此时马达加斯加板块已停止活动，进入被动陆缘二期发育阶段，整个 Davie 构造带北段活动较弱，Davie 西断层持续活动，Davie 东断层停止活动。古近纪，印度板块加速向东北方向漂移，并伴随逆时针旋转，Davie 构造带北段受到压扭作用的影响，在 Davie 西断层东侧形成反转带。渐新世以来，Afar 地幔热柱活动形成三叉裂谷，受东非裂谷海上分支活动的影响，Davie 构造带整体伸展作用强烈，同时 Davie 西断层西侧地层抬升，形成东倾的陆坡地貌。

2）Davie 构造带南段构造演化

三叠纪，东非海岸发育陆内裂谷，沉积中心与裂谷位置相吻合，至早侏罗世，裂陷持续发育，沉积中心向西迁移，可见同倾向断阶，Davie 西断层为裂谷东侧的主控断层。中侏罗世—早白垩世，Davie 东断层与洋壳伴随海底扩张出现，与 Davie 构造带北段相似，海底扩张引起 Davie 东断层西侧地层凸起，该时期 Davie 构造带以剪切应力为主导，伸展应力次之，Davie 西断层发生伸展走滑变形伸展形成负花状构造，即 Kerimbas 地堑原始形态；而 Davie 构造带更南端，海底火山岩刺穿上部地层形成海山，以 Davie 东断层、西断层为界，在重力驱动下，海山两侧地层沿着 Davie 东断层、西断层发生滑脱，并引发海山西侧发育一系列次级正断层，形成半地堑结构。晚白垩世—古近纪，Davie 构造带活动减弱，直至渐新世，在东非裂谷海上分支活动的影响下，Davie 西断层再次强烈活动，控制 Kerimbas 地堑进一步发生裂陷作用，地层塌陷导致 Davie 西断层两侧形成较大高差，东侧出现构造高位；而海山自晚白垩世以来持续隆升，最终与 Davie 构造带南段构造高位连接，形成南北走向的构造脊。

从整体上看，Davie 东断层和 Davie 西断层呈分段分布，Davie 构造带北段 Davie 东断层在洋壳出现的同时转变为转换断层，Davie 东断层相对 Davie 西断层活动较为稳定，到了晚白垩世整体活动减弱。后期整个 Davie 构造带由于局部构造活动不同，造成了其南、北段的结构的差异（表 2-2）。

表 2-2　Davie 构造带南北活动差异对比

构造位置	时期	应力性质	运动学特征
Davie 构造带北段	N	伸展、局部挤压	东非裂谷海上分支活动，区域性扩张持续
	E		Afar 地幔柱活动，印度板块与马达加斯加板块分离，构造带局部发生挤压，形成反转带
	K_2		马达加斯加板块停止漂移，被动大陆边缘发育，Daive 构造带活动较弱
	J_2—K_1	剪切	冈瓦纳大陆破裂，马达加斯加板块向南漂移，Davie 东断层转变为转换断层，Davie 东断层、西断层均发生走滑运动
	T—J_1	伸展	卡鲁地幔柱活动，陆内裂谷发育，发生区域性的强烈东西向伸展运动，出现一系列正断层
Davie 构造带南段	N	伸展	东非裂谷海上分支活动，区域性扩张持续，Davie 西断层持续活动，控制 Kerimbas 凹陷进一步伸展
	K_2—E		马达加斯加板块停止运动，海山持续隆升，Davie 东断层基本停止活动
	J_2—K_1	剪切、局部挤压	冈瓦纳大陆破裂，马达加斯加板块向南漂移，Davie 东断层出现，海底火山岩隆升，Davie 西断层控制 Kerimbas 凹陷伸展
	T—J_1	伸展	卡鲁地幔柱活动，陆内裂谷发育，发生区域性的强烈东西向伸展运动，出现一系列正断层

3. Davie 构造带继承性发育特点

断裂活动的继承性是脆性地层中最常见的变形机制之一，断裂的复活主要取决于新的应力场的活动强度及断层方向、倾角等。当盆地再次进入活动期时，上覆的新地层往往会在相对薄弱处或与下部基底先存断裂对应处断开，新的断裂活动强度及规模大小取决于早期断层活动规模。而转换断层在大洋中发育，将洋中脊错开且保持了相互垂交的模式，同时转换断层的运动与海底扩张及地幔运动有关，因此在断裂中被视为一种特殊的类型，但转换断层的形成亦与断裂继承性有关，即转换断层继承了早期构造运动产生的结构,其发育样式通常来源于早期裂谷活动产生的构造样式,并在海底扩张的情况下自发形成。

Davie 构造带的发育具有明显的继承性特征,现今 Davie 构造带对应的位置在三叠纪—早侏罗世均发生过断裂活动,断裂断穿基底,为卡鲁裂谷期活动。而到中侏罗世—早白垩世,Davie 构造带西部在原先存在的构造薄弱带中发育,断裂数量明显增加,Davie 西断层出现,同时伴随着海底扩张,出现继承性的 Davie 东转换断层。晚白垩世,马达加斯加板块停止漂移,东非海岸进入被动陆缘二期阶段,断裂带整体活动不明显。而到了古近纪,Davie 断裂带受东非裂谷海上分支活动的影响,在原先的基础上发生进一步伸展形成现今结构。

4. Davie 隆起南北分段差异机制

构造脊是被动大陆边缘洋陆转换带中常见的构造特征,是地壳局部连续抬升的表现,被动大陆边缘洋陆转换带的演化主要经历以下三个阶段:(1)陆壳岩石圈发生走滑运动,并伴随大陆裂谷的伸展运动,此时洋壳并未出现;(2)海底开始扩张运动,洋壳出现,扩张方向与走滑方向平行;(3)走滑运动基本停止,先前发生走滑的断裂将洋陆隔开,洋壳与海洋面积扩大,整体属于沉降阶段,转换型被动大陆形成。而构造脊在第二阶段(对应马达加斯加板块开始向南漂移阶段)开始形成,其形成的主要原因是岩石圈的横向热传导。当海底发生扩张,洋中脊下部地幔上涌并向两侧扩散,引起局部的热异常,热量从洋壳向陆壳横向传递,导致了洋陆边界处构造脊的出现,此外,在走滑运动发生的同时,板块之间相互作用产生的摩擦力也可以导致构造脊的产生,但其抬升幅度相对横向热传导大大缩小。以上阐述观点在纽芬兰南部、科特迪瓦、福克兰群岛北部(英、阿争议地区,阿根廷称马尔维纳斯群岛)、非洲南部等一系列转换边缘的实际观测结果中得到了较好的印证。

5. Davie 隆起变形模式

Davie 构造带南段的构造脊特征相对北段明显,这可能是挤压与热传导的共同结果。当海底发生扩张,热量从洋壳传递到陆壳,构造脊随之产生,而由于马达加斯加板块逐渐远离非洲板块向南漂移,右旋走滑运动使 Davie 构造带南北距离越来越大,热传导效应在北部减弱。但马达加斯加板块在向南漂的过程中发生过逆时针旋转,因此走滑过程伴随挤压,生长楔发育,导致了构造脊的幅度增加。后期由于马达加斯加板块与印度板块分离,印度板块北东—南西方向运动导致局部的挤压,地层拱起,产生正反转构造。总体来看,Davie 构造带南北差异并非短时期内形成的,而是在整个发育史中不同时间段内热传导及板块之间应力发生改变的结果。

在晚石炭世—早侏罗世,东非海岸发生强烈伸展运动,Davie 东断层、西断层雏形出现,并表现为分段式的正断层,分布局限,构造形态上并不连续。由于该时期陆内裂谷作用范围广泛,在非洲板块和马达加斯加板块之间形成了一系列岩石圈薄弱带,为马达加斯加板块向南漂移奠定了基础。中侏罗世—早白垩世,马达加斯加板块沿上一时期产生的薄弱带开始向南漂移，此时海底扩张，洋壳出现，陆壳与洋壳之间发生横向热传导，构造脊开始隆升。Davie 东、西转换断层继承性发育，Davie 东断层为洋陆转换边界，Davie 西断层这一阶段在先前分段式的基础上连接起来，该时期 Davie 构造带整体发生右旋走滑运动。马达加斯加板块在漂移过程中发生顺时针旋转，构造带局部发生挤压，并在挤压构造中发育生长楔，并导致了小幅度的地壳隆升。晚白垩世以来，马达加斯加板块停止漂移，Davie 构造带基本成型，其南部构造脊特征明显。此时印度洋发生海底扩张，印度板块与马达加斯加板块开始分离，印度板块北东—南西向运动导致了 Davie 构造带的局部挤压形成正反转构造（图 2-26）。

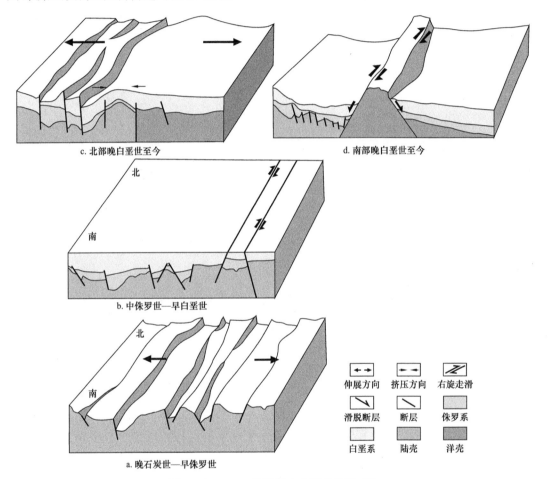

图 2-26　Davie 构造带南北活动差异对比

四、Kerimbas 凹陷

1. Kerimbas 凹陷结构特征

Kerimbas 凹陷位于 Davie 构造带与鲁伍马深水褶皱冲断带之间，呈南北向展布，在重力异常图上有明显响应。平均水深超过 1000m，最深可达 2500m。

Kerimbas 凹陷东边界断层为 Davie 西断层，延伸较远，凹陷西边界断层为 Kerimbas

西断层，平面延伸较短，因此 Kerimbas 凹陷南段和北段现今剖面构造样式为断层西倾的大型半地堑，剖面中段则以地堑为主（图 2-27），但凹陷东边界断层活动强度仍然较西边界大。地震资料解释认为凹陷内部以石炭系变质岩为基底，沉积地层厚度超过 10km，最老沉积地层为二叠系—三叠系，之上为中—新生界，并且凹陷边界断层之间发育多条正断层，多切穿基底，成因上可能为调节新生代的变形所致。

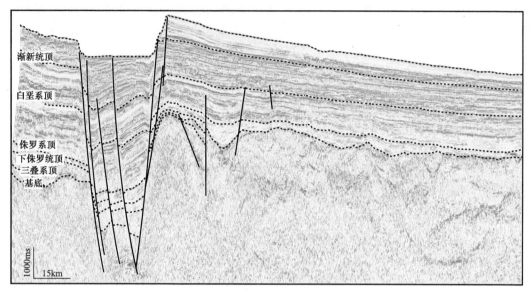

图 2-27　Kerimbas 凹陷中段地震剖面

2. Kerimbas 凹陷构造变形期次

Kerimbas 凹陷构造变形期次与东非陆缘的构造演化具有较好的吻合关系，即包括三个阶段，分别是裂陷期、被动陆缘一期及被动陆缘二期。

横切 Kerimbas 凹陷的地震剖面揭示 Kerimbas 凹陷下构造层发育的断层大部分断至下侏罗统顶面以下，表明裂陷期的伸展构造变形在早侏罗世晚期基本结束。伸展变形的正断层在整个 Kerimbas 凹陷均有分布，并且主要呈现南北向展布，表明 Kerimbas 凹陷该时期主要受东西向伸展应力控制。地震剖面进一步揭示 Kerimbas 凹陷基底最大埋深可达 16km，基底之上的裂陷期沉积地层（二叠系—下侏罗统）被断层错断，形成了地堑、半地堑、地垒等构造样式，断层上盘厚度明显大于下盘，上盘厚度可达 5km，为同裂谷期沉积地层。裂陷期 Kerimbas 断层东部边界断层（Davie 西断层）活动强度大，该边界断层的下盘地层厚度减薄明显，最薄处约 0.8km。但同时期 Kerimbas 凹陷西部边界断层活动强度较小，地层厚度无明显变化，表明裂陷期 Kerimbas 凹陷应是一个"东陡西缓"的半地堑格局。

在被动陆缘一期，Kerimbas 凹陷处于右旋走滑应力场中，少数裂陷期断层在该阶段发生右行走滑，如 Davie 西断层。

在被动陆缘二期，通过对 Kerimbas 凹陷内断层伸展指数的分析，发现该期主要包括两次主伸展活动阶段，分别是早白垩世初期—末期与中新世至今。该期第一阶段主要是先存断层的活化，Kerimbas 凹陷内上白垩统厚度明显大于凹陷两侧，并且凹陷内上白垩统厚度呈楔形，从凹陷边界处至凹陷内部逐渐减薄。中新世开始第二阶段同样以凹陷边界断层的活动为主要特征，凹陷内部的中新统、第四系均明显厚于边界断层下盘，如 Davie 西断层的上盘上新统—第四系厚度可达 2200m，但 Davie 断层下盘厚度仅为 300m。

第三章　盆地沉积体系

在前人研究基础上，结合钻井、测井和地震等资料，综合研究认为东非陆缘盆地群整体上发育四大"源—汇"沉积体系，并受控于盆地的构造作用、物源供给和海平面的变化等，盆地从二叠纪至今整体上由河流—冲积平原—三角洲—局限海—浅滩等陆相沉积体系逐渐过渡到河流—冲积平原—三角洲—深海水道—朵叶体等深水沉积体系。

第一节　重力流研究进展

东非陆缘盆地储层主要集中在上白垩统与新生界储层中，从沉积相大类来看主要属于深水重力流沉积体系。目前国际上针对深水重力流的研究现状主要包括三个方面，分别是重力流成因机理、重力流沉积相带与沉积构型及其主控因素。

一、重力流成因机理

Mulder 等（2001）在研究重力流沉积时认为重力流在相对稳定状态下，洪水是搬运动力的主控因素，即只有急流可以搬运沉积物颗粒。之后，Mulder 等（2003）通过研究浅海重力流的启动过程及流动特征发现当汇入海洋中的携砂河流质量浓度超过 $36kg/m^3$，在浮力作用下极易在河口位置形成海底扇。重力流按照其在最大沉积通量时的形成而言，底部由下至上会形成从细到粗的沉积现象，上部在其沉积通量最小时会形成从粗到细的沉积现象。作为产生海底扇的重要因素，洪水发生的次数及其强度直接影响重力流的沉积状态，因此每次重力流沉积都能在一定程度上反映出当时的自然环境和海平面的变化。山洪频发期，河流特别是近源河流对重力流的形成更加有利（Bourget et al.，2010）。其形成过程中，地形地貌、气候以及河流密度均影响着重力流的形成。另外沉积盆地水体相对较深的深度（>10m）、盆地斜坡相对较陡的坡度（>0.7°）、频发的构造活动以及充裕的沉积物源输入均是重力流形成的有利条件。

二、重力流沉积相带与沉积构型

重力流的形成主要发生在海底地形坡度平缓的地带，由于流速影响，沉积物在搬运过程中搬运能量不足，沉积物快速向西堆积，最终形成似扇形或似锥形的物体（李磊等，2012a）。在 20 世纪 80 年代之前，海底扇被普遍认为是二维平面上的理想扇形，当时提出的相模式以 Walker 模式为典型代表，认为海底扇形态可分为上、中、下三部分，整体上由前端的水道体系出发连通后端形似朵叶体的沉积体系。Vail 等（1977）考虑到海平面高度的变化对扇体沉积的影响，提出了"Sea—Slug"叠置模式，认为深水域的沉积物质经常富集在低位体系域中，多由盆地底部扇体、缓坡带上沉积扇体以及两者过渡带上的复合扇体等三个部分组成。吕明等（2008）对尼日尔三角洲盆地进行研究时认为盆地的扇体也近似符合上、中、下三级分类标准，但考虑到海底地形的多变性，呈现的扇形与标准的扇体形态必然存在差异：扇体前端沉积物多在峡谷内以水道的形式沉积下来；中部扇体在出峡谷的位置以水道的形式沉积下来；远端下部扇体以朵叶体形态存在，相对平直的水道表现为多个分流状态。

目前针对重力流沉积构型的分类方案较多（Mutti et al.，1987），其中常见的构型要素主要有三种类型，包括内部的水道沉积、边部的朵叶体沉积以及块体搬运沉积。

重力流的水道沉积在深水域的各个位置均有发育，作为深水沉积体系中的重要一环，其形成表明在海底扇的各个体系都存在能够稳定搬运沉积物的通道，也表明其为形成扇体沉积的各个环节提供了重要的空间（李磊等，2012a；Weimer et al.，2012）。陆坡环境下的海底扇水道，总是在海平面下降时的沉积旋回中形成，形成机理为密度大的重力流产生下切作用，对海底盆地进行侵蚀改造。该部分密度大，砂质含量高，往往是形成深海储层的有利地带，已经逐步发展成为目前人们关注的方向之一（Gong et al.，2011；李磊等，2012b）。

重力流朵叶体沉积的发生是搬运的介质前端发生能量减小时，沉积物无法继续向前输送产生的就地广泛沉积现象，因此其沉积体系形状一般接近于理想的朵状形态且成片性好，以砂质沉积物为主但相对较薄，内部多分布原有的深水盆地底部的泥质沉积物，往往发生于海平面下降的海退时期。这种沉积扇体往往是深水体系优质储层的代名词。

块体搬运沉积作为盆地陆坡处由多种成因形成的沉积物，其形成可源于大的物体发生的滑动现象，也可能是发生垮塌或有碎屑流的出现，故该类沉积物表现出分布杂乱、分选差的特点（吴时国等，2015）。随着三维地震技术的发展以及在深海探测所取得的成果，该类沉积物在深海水域的分布相对广泛，能占到深水体系的一半以上。其沉积分布大多受海底地形差异的影响，常表现为向下的长条带状特征（吴时国等，2015），其形成通常为沉积物的再搬运事件，以弱振幅透镜体形态或丘陵状形态存在于深水水底，识别标志为其沉积体系内出现与其同时期形成的逆冲断层，或者是向下侵蚀的小型沟槽等。其形成也多是因为受海平面变化或一些自然现象，如火山、地震等的影响（Moscardelli et al.，2006；吴时国等，2015）。块体搬运体系由很多较细粒沉积物组成，因此不适合作为开发储层，但也正是因为其物性差的特点，可以在一定程度上作为物性好的粗粒沉积物储层的遮挡层，从而使得流体，特别是油气在其中可以储存起来而不至于流失。基于沉积地点和沉积底部不同程度的侵蚀可将其划归为三种类型，包括斜坡带上出现滑动或滑塌形成的滑块体、下切侵蚀形成的水道或大型峡谷侧壁出现滑塌形成的滑块体，另外就是考虑到沉积物搬运沉积时所带来的沉积物多少以及形成这类海底扇时需要的沉积空间的大小，主要表征在于这两者之间的接触关系，据此可分为下切侵蚀型和向上加积型两类。

三、重力流主控因素

形成重力流沉积的因素非常多，包括构造形成的差异、气候的多变、海平面的变化以及沉积因素等。但决定深水体系中海底扇形成时的外部轮廓和其中的岩性是如何分布的主控因素却不是重力流的形成，而取决于以下两点：（1）海底地形差异；（2）扇体形成的各个沉积过程（Smith，2004）。Mutti 等（1987）认为浊流的沉积组成和深水盆地各种类型以及海平面的变化和构造高差是影响浊流在盆底的集合形态与沉积相模式差异的主控因素。Galloway（1989）说明了在盆地底部沉积物沉积的过往与初始斜坡带的形状对整个斜坡带的沉积过程起着重大影响。Prather 等（1998）指出斜坡带的外貌形态对于海底扇深水储层分布特征、储层品质以及油气产出动态起着重要控制作用。Smith（2004）认为陆坡沉积物供给量、流体的特性、可容空间的大小、基底盆地及其下降相对快慢以及物源多少是影响沉积样式与构型最重要的因素。Henstra 等（2016）指出深水重力流沉积最重要的影响因素是盆底形态。Casalbore 等（2018）了解到重力流沉积的主控因素包括重力、斜坡带角度以及构造等。李磊等（2012b）发现深水水域的物源供给量、供给时间、斜坡带的地形地貌以及沉积可容空间大小均很大程度上影响深水沉积过程以及扇体形成的外部轮廓。由此可知，单一的重力流沉积模式主控因素并不能直接拿来套用。

第二节　沉积相标志

东非陆缘盆地群沉积相标志主要包括岩性、沉积构造、生物化石、测井曲线以及地震反射特征等。由于目前钻井取心与储层均以新生界为主，因此本节以新生界沉积相标志为例进行重点介绍。

一、岩性特征

岩石类型及其组合特征是推断沉积环境和分析沉积相类型的重要依据。钻井资料显示，研究区古近系岩石包括砂岩、粉砂岩、泥质粉砂岩、粉砂质泥岩、泥岩和石灰岩等多种类型，其中，砂岩、粉砂岩、泥岩广泛分布，局部可见砾岩。岩石组合特征主要有两种类型，一种为砂岩与泥岩不等厚互层，另一种为大段泥岩。以 WELL-4 井岩心样品为例，岩石类型及组合特征在垂向上发生明显变化，粒度突变面尤为明显，顶部以泥岩、粉砂质泥岩和粉砂岩为主，中部发育砂岩、粉砂岩，底部见砾岩，自下而上呈明显正粒序特征（图 3-1）。

二、沉积构造

沉积构造能够客观体现沉积物形成时的水动力条件和沉积环境，本节的沉积构造主要指原生沉积构造，原生沉积构造是划分沉积相类型的重要依据。

研究区岩心资料有限，尚未发现典型的沉积构造，结合前人实测钻井资料，在研究区可以观察到典型的深水重力流沉积构造，由上至下依次为包卷层理、块状构造、爬升沙纹层理、泄水构造、滑塌构造、递变层理和变形层理。其中，包卷层理发育于灰白色砂岩夹泥岩内，井深约为 3240.3m（图 3-2a）；灰白色块状砂岩中可见 2cm×6cm 大小

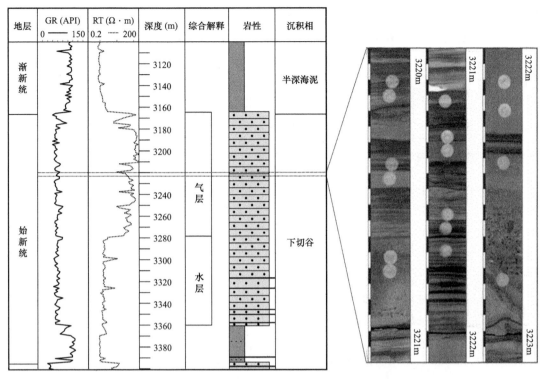

图 3-1　东非被动陆缘盆地主要岩石类型

的泥砾、泥碎片，井深约为 3269.2m（图 3-2b）；爬升沙纹层理发育于中下部粉砂岩中，顶部可见含泥岩侵入的泄水构造，井深为 3318.4m（图 3-2c）；具有同生变形层理的滑塌构造位于井深 3322.0m 处（图 3-2d）；主要为杂基支撑的正粒序递变层理位于井深 3338.3m 附近（图 3-2e）；具有明显变形层理的块状搬运复合体在井深 3394.4m 处可见（图 3-2f）。

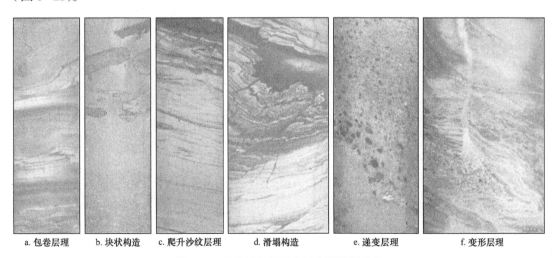

| a. 包卷层理 | b. 块状构造 | c. 爬升沙纹层理 | d. 滑塌构造 | e. 递变层理 | f. 变形层理 |

图 3-2　东非被动陆缘盆地主要沉积构造

三、生物化石特征

生物化石特征是判别地质年代和沉积环境的重要标志。研究区岩心资料有限，尚未发现生物化石。但是，在邻区深海钻探取心分析结果中发现，深海沉积物生物成因组分约占50%，主要由浮游单细胞藻类和盘星石组成。此外，在始新统、渐新统和中新统均发现 *Globigerin*（抱球虫）、*Globorotalia*（圆幅虫）等浮游类有孔虫，表明研究区沉积环境可能为半深海—深海。

四、测井曲线特征

自然伽马曲线和电阻率曲线等测井曲线特征作为测井相研究中的重要内容，在一定程度上可以反映沉积岩岩性、粒度、分选程度、泥质含量、垂向序列和沉积旋回等沉积特征，这对于沉积相分析具有重要意义。测井曲线要素分为单层曲线要素和多层曲线要素，单层曲线要素包括幅度、形态、顶底接触关系、光滑程度与齿中线，多层曲线要素主要为幅度组合包络线类型和形态组合方式。

研究区测井曲线形态主要为钟形、箱形、漏斗形、指形及上述形状组合形成的复合形态，顶底接触关系分为突变式和渐变式两种类型（图3-3）。

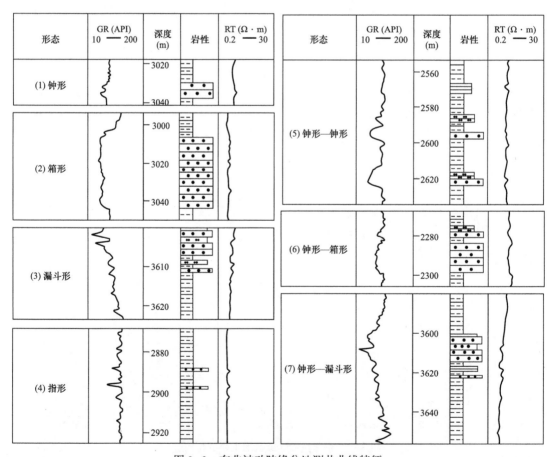

图3-3 东非被动陆缘盆地测井曲线特征

（1）钟形曲线中、下部幅度高，上部幅度低。由下至上，曲线幅度逐渐减小，呈现"下宽上窄"的钟形形状，反映沉积物供应减少，沉积介质水体能量减弱。此外，局部见微齿化，向上为渐变关系，向下呈突变接触，表明砂岩底部常见泥砾及冲刷构造，内部多为正粒序层理。

（2）箱形曲线幅度相对较高，顶部与底部起伏程度基本一致，表明沉积物粒度相对较均一，分选较好，具持续较强的水动力条件和较为充足且稳定的物源供给。研究区的箱形曲线以中幅为主，光滑、齿化均有，顶底均为突变接触关系。

（3）漏斗形曲线中、上部幅度较高，向下幅度逐渐变低。整体幅度较小，反映沉积物粒度较细，多为粉砂岩及泥质粉砂岩沉积。由下至上，显示逆粒序沉积序列，代表沉积环境水动力增强，多为进积沉积序列。

（4）指形曲线幅度较高，而宽度较小，一般单层厚度小于2m。沉积物粒度通常较粗，顶底均为突变接触，反映较高能的水动力条件，但物源供给不充足。

（5）钟形—钟形组合曲线上、下部都呈钟形，底部和泥岩呈突变接触，顶部与泥岩呈渐变接触。岩性通常由砂岩渐变为粉砂岩再突变为泥岩再渐变为砂岩—泥质粉砂岩或泥岩，代表沉积环境水动力变化为强—弱—强—弱的过程。

（6）钟形—箱形组合是下部为箱形、上部连接钟形的测井曲线组合类型，既有齿化或微齿化的钟形—箱形组合曲线，也有光滑的钟形—箱形组合曲线，底部突变接触，顶部为渐变关系，代表相对高能沉积环境的周期变化。

（7）钟形—漏斗形曲线上部呈钟形，下部呈漏斗形，顶、底岩性与泥岩呈渐变关系。岩性为粉砂岩—砂岩—粉砂岩，反映水动力增强又减弱，水体较为动荡的沉积环境。

结合研究区实际情况，箱形、钟形、指形曲线及突变式顶底接触关系代表重力流沉积的粗粒物质；低幅平滑、齿状曲线可能代表半深海—深海泥。

五、地震反射特征

地震反射特征是沉积相在地震记录上的反映，各类沉积相都有其自身的地震相。通常因区别于相邻单元，在单元内部多呈现明显不同的反射结构（振幅、频率、连续性）、反射构型与反射外形，这些地震参数可反映该单元内部沉积物的一定岩性组合、层理与沉积特征，这就实现了地震相的地质解释。

研究区典型的地震反射特征主要有五种，分别是中等—强振幅、中等—较好连续性地震反射特征，整体呈"U"或"V"形；"海鸥翼"状弱振幅、中等—差连续性地震反射特征；丘状中等—强振幅、较好连续性地震反射特征；半透明斑点状弱振幅、杂乱反射特征；此外，研究区普遍见弱振幅、较好连续性地震反射特征。

第三节　沉积相类型

一、沉积相划分方案

在前人研究的基础上，根据岩性、测井曲线及地震反射等特征，确定东非海岸重点盆地的沉积相类型多样，主要包括河流—冲积平原、三角洲、滨岸、浅海和半深海—深海相（表3-1）。结合东非被动陆缘实际情况，提出了适合研究区的沉积微相划分方案（表3-2）。其中，河流—冲积平原相中微相主要为边滩或心滩；三角洲相中以分流河道、水下分流河道、河口沙坝与分流间湾等微相为主；滨岸相中砂质与泥质滨岸微相发育；浅海相见碎屑陆棚、局限海与碳酸盐岩台地，包括砂质及泥质陆棚、泥坪、膏质/钙质局限海，以及局限台地和开阔台地等微相；半深海—深海相中发育峡谷、重力流水道、堤岸、朵叶体、块状搬运复合体和半深海—深海泥等微相。

表3-1 东非海岸重点盆地沉积类型及特征

沉积类型	岩性	测井曲线	地震反射特征
河流—冲积平原	砂岩、泥质粉砂岩	锯齿状渐变钟形	"U"形、"V"形，丘状强振幅
三角洲	砂岩、粉砂岩、泥岩、黑色煤层	齿化箱形、齿化钟形、齿化漏斗形	"S"形前积、中等—强振幅、中等—差连续性
滨岸	粉砂岩、泥岩	较低幅指形	中等—强振幅、中等连续性
浅海	泥岩、盐岩、膏盐岩	低幅微齿形	中等—弱振幅、中等连续性
	粉砂岩、泥岩、石灰岩	漏斗形、钟形	中等—强振幅、较好连续性
半深海—深海	砂岩、粉砂岩	箱形、钟形、漏斗形	"U"形或"V"形，丘状、"海鸥翼"状振幅
	砂岩、粉砂质泥岩、泥岩	低幅微齿形、平滑形	弱—中等振幅、较好连续性

表3-2 东非被动陆缘盆地沉积相划分表

相	亚相	微相
河流—冲积平原	河床	边滩或心滩
	堤岸	天然堤、决口扇
三角洲	三角洲平原	沼泽、决口扇、陆上天然堤、分流河道
	三角洲前缘	分流间湾、分流河口沙坝、水下天然堤、水下分流河道
	前三角洲	前三角洲泥
滨岸	碎屑滨岸	砂质滨岸、泥质滨岸
浅海	碎屑陆棚	砂质陆棚、泥质陆棚
	局限海	膏质局限海、钙质局限海、泥坪、潟湖
	碳酸盐岩台地	局限台地、开阔台地
半深海—深海	水道	峡谷、重力流水道、堤岸、朵叶体
	非水道	块状搬运复合体、半深海—深海泥

由于东非陆缘盆地群目前天然气主要发现于古近系深水重力流沉积体系中，因此在此进一步详述本章关于东非陆缘盆地群半深海—深海相的划分方案。结合研究区沉积相标志和国内外深水重力流研究的发展趋势，本章将研究区的半深海—深海相分为水道—朵叶体亚相和非水道亚相。其中，水道—朵叶体亚相进一步分为水道、堤岸、朵叶体微相，非水道亚相细分为块状搬运复合体和半深海—深海泥微相（表3-3）。两类沉积微相具有明显不同的岩性、电性以及地震反射特征（表3-4）。

表3-3　东非被动陆缘盆地古近系深水区沉积相划分方案

相	亚相	微相
半深海—深海	水道—朵叶体	水道
		堤岸
		朵叶体
	非水道	块状搬运复合体
		半深海—深海泥

表3-4　东非被动陆缘盆地古近系沉积类型及主要特征

特征	水道—朵叶体			非水道	
	水道	堤岸	朵叶体	块状搬运复合体	半深海—深海泥
岩性特征	砂岩、粉砂岩	粉砂岩、泥质粉砂岩	砂岩、粉砂岩、泥质粉砂岩	—	泥岩、粉砂质泥岩
测井特征	箱形、钟形或复合型	指形	齿化漏斗形	—	平滑形、微齿形
地震特征	"U"形或"V"形，中等—强振幅，平行—亚平行反射	"海鸥翼"状弱振幅，平行—亚平行反射	丘状中等—强振幅，平行—亚平行反射	块状弱振幅，杂乱反射	弱振幅，平行反射

1. 水道

水道作为"源—汇"系统搬运体系的主要通道，同时也是沉积物沉积的重要场所，具有极易识别的沉积结构特征。研究区水道底部以块状—厚层砂岩为主，顶部发育粉砂岩和泥岩，总体呈现下粗上细的正旋回沉积序列，自然伽马曲线多呈箱形、钟形或复合形态。地震剖面上，整体呈明显"V"形或"U"形，多为中等—强振幅、平行—亚平行反射特征（图3-4a）。

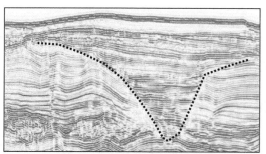 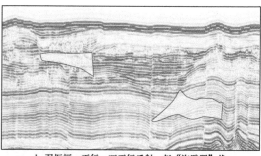

a.中等—强振幅，平行—亚平行反射，"V"形或"U"形　　　　b.弱振幅，平行—亚平行反射，似"海鸥翼"状

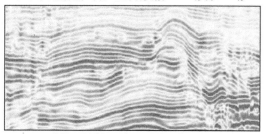 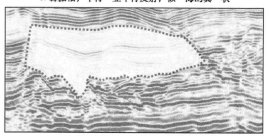

c.中等—强振幅，平行—亚平行反射，呈丘状　　　　　　　d.底部为凹凸状，内部为杂乱反射

图 3-4　东非被动陆缘盆地沉积微相特征

基于水道发育的位置和规模，结合地震剖面反映的发育位置、外部形态、内部构型和沉积方式等特征，将水道进一步划分为四种类型，分别为复合型水道、侧向迁移型水道、垂向加积型水道、孤立型水道，具体特征如下（图3-5）。

复合型水道主要分布在盆地中部和北部。地震剖面显示，复合型水道分布在上陆坡等限制性环境中，由早至晚可大致分为3期。第①期水道规模较大，宽度约为3.4km，深度为69～115m，外部为"V"形，以下切、侵蚀为主，内部呈弱振幅、杂乱反射特征。随着水道增支分叉，第②期水道规模整体增大，但单个水道规模减小，侵蚀能力降低，以侵蚀—沉积作用为主，水道间既有垂向叠置，又有侧向迁移，水道内部表现为中等—强振幅、中等连续性反射特征。第③期水道规模减小，宽度为6.5～6.8km，深度为54～57m，宽深比增大，以沉积充填为主，内部表现为中等—强振幅、较好连续性反射特征。

侧向迁移型水道主要分布在盆地北部和中部，并且与较细粒的堤岸沉积相伴生。盆地北部主要由西向东迁移，盆地中部整体具有明显的由北向南迁移特征，水道由下到上可大致分为4期。第①、②期水道的外部形态及规模相近，南迁特征明显，轴部表现为强振幅、差连续性反射特征，水道两侧均发育不对称堤岸沉积；第③期水道规模增大，宽度为12.8～13.6km，深度为370～400m，整体为透镜状，内部呈强振幅、平行—亚平行反射特征；第④期水道规模减小，宽度为4.9～5.2km，深度为135～138m，呈"U"形，内部表现为强振幅、平行—亚平行反射特征。

垂向加积型水道多分布在盆地中部，整体为"U"形。水道内部以垂向加积为主，具有明显期次性，由下到上可分为3期。第①期水道宽度为4.5～4.8km，深度为150～180m，外部呈"U"形，构成整个水道的基本外形，内部为强振幅、较好连续性

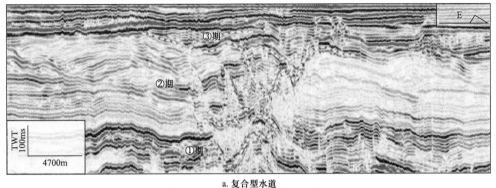

a. 复合型水道

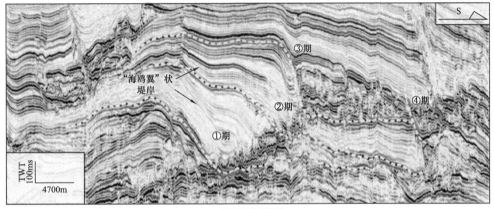

b. 侧向迁移型水道

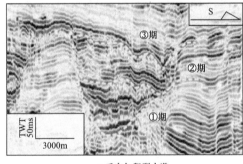

c. 垂向加积型水道

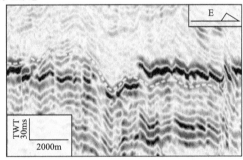

d. 孤立型水道

图 3-5　东非被动陆缘盆地重力流水道类型及特征

反射特征；第②期水道规模减小，底部表现为强振幅、好连续性反射特征，顶部由较细沉积物充填，其反射强度减弱，连续性也相对变差，由于后期水道破坏，只有较少部分被保存下来；第③期水道规模明显减小，整体呈"V"形，宽度为 1.1~1.3km，深度为 60~80m，宽深比减小，内部表现为强振幅、较好连续性反射特征，以侵蚀第②期水道为主，未被后期破坏，保存较完整。

孤立型水道主要分布在盆地南部，与其他类型水道相比，规模较小，其宽度约为 1.5km，深度约为 50m。地震剖面显示，孤立型水道侵蚀能力较强，呈近"V"形，内部呈弱振幅、杂乱—差连续反射特征。

2. 堤岸

堤岸沉积常发育于侧向迁移型水道两侧，由水道内流体溢流垂向加积形成，规模要远大于其伴生水道。单井相显示，该部分沉积粒度较水道沉积更细，主要为砂岩、粉砂岩、泥岩，自然伽马曲线呈指状。在地震剖面上，堤岸沉积内部为弱振幅、平行—亚平行反射特征，其侧向连续性较好，整体构成了典型的"海鸥翼"外形（图 3-4b）。

3. 朵叶体

朵叶体常与水道共生，多发育于水道末端，整体呈扇形。研究区朵叶体主要分布于盆地东部，沉积物呈放射状向周围分散形成扇状沉积体，其内部发育分流水道。单井相显示，岩性主要为砂岩和泥岩，呈向上变粗序列，自然伽马曲线呈漏斗形，多期朵叶体叠置可形成箱形自然伽马曲线。在地震剖面上，水道末端形成中间厚、两端减薄至尖灭的近丘状沉积体，其侧向连续性好，具有中等—强振幅、平行—亚平行地震反射特征（图 3-4c）。

4. 块状搬运复合体

块状搬运复合体作为深水沉积的重要组成部分，多发育于外陆架—上陆坡。坦桑尼亚盆地南部外陆架—上陆坡发育较大规模的块状搬运复合体。地震剖面显示，块状搬运复合体外形呈丘状，内部为半透明斑点状弱振幅、杂乱反射特征，明显区别于周围地层。其中，底部侵蚀界面表现为凹凸状，这是由于块状搬运复合体在搬运过程中携带的大量粗粒物质对底部地层强烈侵蚀造成的。侧向侵蚀边界相对较陡，并且边界两侧的地震反射特征存在明显差异，以西侧侵蚀边界为例，边界以西为强振幅、连续反射特征，边界以东则为弱振幅、杂乱反射特征，这可能是由于块状搬运复合体在搬运过程中的剪切作用和侵蚀作用造成的（图 3-4d）。

5. 半深海—深海泥

岩性主要为泥岩、粉砂质泥岩等细粒沉积，沉积构造主要为水平层理；自然伽马曲线和电阻率曲线多呈平滑形、锯齿形；地震剖面显示为弱振幅、强连续性反射特征。

综合东非被动陆缘盆地构造演化特征，发现不同构造演化阶段的沉积相类型及特征存在差异：（1）早侏罗世，由陆向海依次发育河流—冲积平原、三角洲、滨岸、浅海（局限海）和浅滩沉积，其中拉穆盆地主要发育三角洲和浅海沉积，坦桑尼亚盆地和鲁伍马盆地以三角洲、浅海（局限海）和浅滩沉积为主；（2）中—晚侏罗世，由陆向海依次发育河流—冲积平原、三角洲、滨岸、浅海（局限海和碳酸盐岩台地）沉积，其中拉穆盆地主要为三角洲、浅海（碳酸盐岩台地）沉积，坦桑尼亚盆地和鲁伍马盆地以三角洲、浅海（局限海和碳酸盐岩台地）沉积为主，此外，在鲁伍马盆地可见盐丘、盐脊和生物礁；（3）早白垩世—渐新世，由陆向海依次发育河流—冲积平原、三角洲、滨岸、浅海、半深海—深海沉积，并且以半深海—深海沉积为主。

二、单井相

东非海岸重点盆地钻井资料有限，共计 27 口且分布不均匀，测井曲线以自然电位、自然伽马、电阻率曲线为主，缺少取心资料。通过对研究区 27 口单井沉积相分析，发现东非海岸重点盆地沉积相类型多样，包括河流—冲积平原、三角洲、滨岸、浅海和半深海—深海等。

以 WELL-1、WELL-2、WELL-3 和 WELL-4 井为例，对下侏罗统—渐新统单井沉积相进行研究，其具体情况如下：

如图 3-6 WELL-1 井沉积相柱状图所示，自下至上依次沉积下侏罗统、中侏罗统、上侏罗统和下白垩统，主要发育三角洲、滨岸和浅海沉积。下侏罗统为三角洲沉积，底部见 19m 厚的黑色煤层，向上为大段泥岩，顶部以砂岩为主；自然伽马曲线形态以钟形、

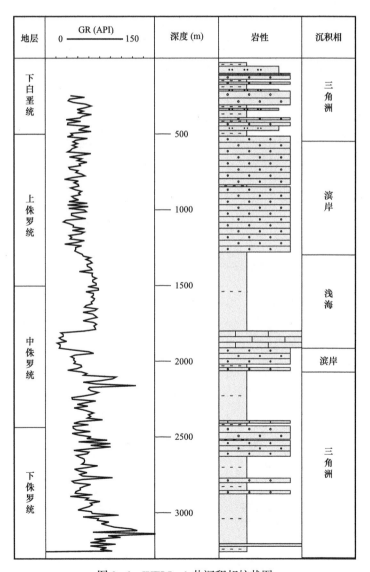

图 3-6　WELL-1 井沉积相柱状图

漏斗形为主,整体表现为由粗—细—粗的旋回特征。中侏罗统为三角洲、滨岸、浅海沉积,底部发育厚度较大的泥岩,向上砂质含量增大,出现厚层石灰岩,顶部为大段泥岩;自然伽马曲线由下至上依次为锯齿漏斗形、箱形、低幅微齿形,整体呈粗—细—粗旋回特征。上侏罗统发育滨岸、浅海沉积,底部为大段泥岩,向上砂质含量明显增大,以大段砂岩为主;自然伽马曲线形态由低幅微齿形向上过渡为高幅齿形,整体呈下细上粗的旋回特征。下白垩统为三角洲沉积,底部以泥岩、粉砂岩为主,向上砂质含量增加,主要为砂岩,顶部粒度变细,以粉砂岩为主,整体呈细—粗—细旋回特征(图3-6)。

如图3-7 WELL-2井沉积相柱状图所示,自下至上依次为基底和下侏罗统,主要发育三角洲相和浅海相。下侏罗统底部为三角洲沉积,岩性表现为泥岩和砂岩互层,砂质含量向上整体先增大再减小;自然伽马曲线形态以齿化箱形和齿化漏斗形为主,整体呈细—粗—细旋回特征。下侏罗统中部岩性表现为大段泥岩夹少量盐岩,自然伽马曲线形态以低幅微齿形和指形为主,整体呈下细上粗的旋回特征。下侏罗统上部岩性为大段盐岩夹少量泥岩和粉砂岩,自然伽马曲线形态以箱形和低幅微齿形为主,整体为下粗上细的旋回特征(图3-7)。

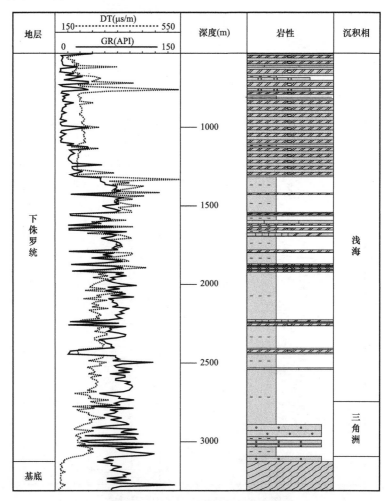

图3-7　WELL-2井沉积相柱状图

如图 3-8 WELL-3 井沉积相柱状图所示，地层整个为下侏罗统，主要发育浅海沉积。下侏罗统底部表现为大段泥岩夹盐岩特征，自然伽马测井曲线为低幅微齿形和指形，整体呈细—粗—细旋回特征。向上岩性表现为粉砂岩和砂岩，后又过渡为厚层盐岩，自然伽马测井曲线表现为齿化漏斗形和箱形，整体呈下细上粗的旋回特征。下侏罗统顶部岩性为盐岩夹泥岩，自然伽马测井曲线为微齿形，整体呈下粗上细的旋回特征（图 3-8）。

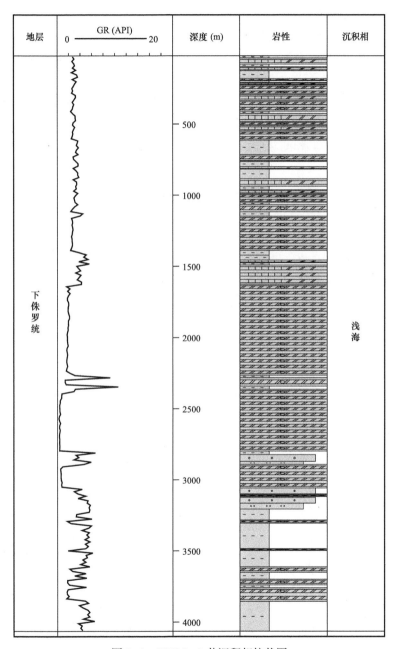

图 3-8　WELL-3 井沉积相柱状图

如图 3-9 WELL-4 井沉积相柱状图所示，自下至上依次沉积下白垩统、上白垩统、古新统、始新统和渐新统，主要发育重力流水道、朵叶体、堤岸和半深海—深海泥。下白垩统发育重力流水道和半深海—深海泥，并以半深海—深海泥为主。岩性主要为泥岩，底部可见砂岩；自然伽马曲线形态以钟形、微齿形为主，整体表现为下粗上细的旋回特征。上白垩统发育重力流水道、朵叶体和半深海—深海泥。其中，重力流水道和朵叶体的岩性多为砂岩；此外，重力流水道在自然伽马曲线上呈箱形，朵叶体为漏斗形和箱形—漏斗形复合形态，半深海—深海泥表现为微齿形；整体表现为下粗上细的旋回特征，并且由下至上水道沉积逐步转化为朵叶体沉积。古新统发育重力流水道、堤岸、朵叶体和半深海—深海泥。底部为大段泥岩夹少量砂岩，向上砂质含量明显增大，以砂岩为主；自然伽马曲线形态以箱形、钟形和指形为主，整体呈下粗上细的旋回特征。始新统发育重力流水道、朵叶体和半深海—深海泥，底部为砂岩和泥岩互层，向上为大段泥岩，顶部为厚层砂岩；自然伽马曲线形态由下至上依次为钟形、低幅微齿形和漏斗形，整体呈下粗上细的旋回特征。受钻井资料限制，渐新统仅在底部见泥岩，判断为半深海—深海泥，自然伽马测井曲线显示为钟形和漏斗形特征，整体呈粗—细—粗的旋回特征（图3-9）。

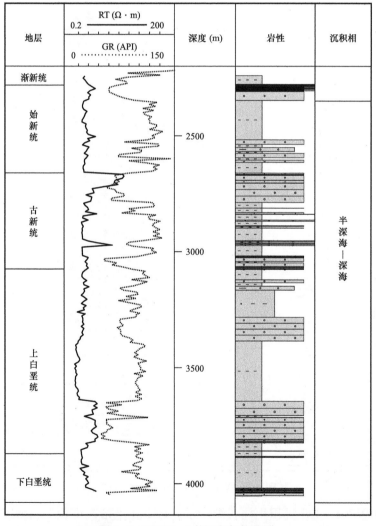

图3-9　WELL-4井沉积相柱状图

三、地震剖面相

在单井沉积相分析的基础上，对东非海岸重点盆地东西向和南北向共 6 条地震剖面进行了沉积相分析，其中，近东西向地震剖面 5 条，由北至南分别为 S1、S2、S3、S4 和 S5；近南北向地震剖面为 S6，南起鲁伍马盆地北部，向北覆盖整个坦桑尼亚盆地和拉穆盆地，整体近南北向展布。

S1 剖面位于拉穆盆地，整体为南西—北东向展布。此外，WELL-1 井和 WELL-2 井邻近剖面，分别位于西部近岸一侧和东部靠海一侧。垂向上，侏罗纪主要发育浅海沉积，中部局部地区可见浅滩和碳酸盐岩台地；伴随大规模的海侵，研究区水体明显加深，白垩纪至今主要为半深海—深海沉积，特别是古近纪以来，西部陆坡—深水平原主要发育水道和朵叶体沉积，沉积规模逐渐增大，具明显期次性，东部主要发育半深海—深海泥（图 3-10）。

S2 剖面位于坦桑尼亚盆地北部，整体由西向东展布。此外，WELL-3 井和 WELL-4 井分布在剖面附近。横向上，西部近岸一侧主要发育三角洲、滨岸和浅海沉积，中部以局限海、碳酸盐岩台地、水道和朵叶体沉积为主，东部主要发育半深海—深海泥。垂向上，侏罗纪主要发育浅滩和碳酸盐岩台地；伴随海侵的发育，研究区水体加深，白垩纪发育半深海—深海沉积，并以水道和朵叶体沉积为主；古近纪以来，三角洲逐渐向海进积，沉积规模增大，深水区发育大量水道和朵叶体沉积（图 3-11）。

S3 剖面位于坦桑尼亚盆地中部，整体由西向东展布。此外，WELL-5 井邻近剖面，位于剖面西部近岸一侧。横向上，西部陆架一侧主要发育三角洲和浅海沉积，中部以局限海、碳酸盐岩台地、水道和朵叶体沉积为主，东部主要发育半深海—深海泥。垂向上，侏罗纪主要发育浅滩和碳酸盐岩台地；伴随海侵的发育，研究区水体加深，白垩纪发育半深海—深海沉积，并以水道和朵叶体沉积为主；古近纪以来，三角洲逐渐向海进积，沉积规模增大，东部深水区发育大量水道和朵叶体沉积，与白垩纪相比，水道规模逐渐增大，并且具有明显期次性（图 3-12）。

S4 剖面位于坦桑尼亚盆地南部，整体由西向东展布。此外，WELL-6 井邻近剖面。横向上，西部主要发育半深海—深海沉积，局部可见三角洲和浅海沉积，中部以局限海、碳酸盐岩台地、水道和朵叶体沉积为主，东部深海平原主要发育半深海—深海泥和海底火山。垂向上，侏罗纪主要发育局限海沉积，局部可见浅滩和碳酸盐岩台地。白垩纪至今发育半深海—深海沉积，并以水道和朵叶体沉积为主；其中，水道主要分布在中—上陆坡，朵叶体多发育于下陆坡—深海平原；此外，水道和朵叶体沉积规模逐渐增大，并向东部延伸（图 3-13）。

S5 剖面位于鲁伍马盆地北部，整体由西向东展布。此外，WELL-7 井邻近剖面。横向上，西部主要发育半深海—深海沉积，局部可见三角洲和浅海沉积，中部以局限海、碳酸盐岩台地、水道和朵叶体沉积为主，东部深海平原主要发育半深海—深海泥和海底火山。垂向上，侏罗纪主要发育局限海沉积，局部可见浅滩和碳酸盐岩台地；白垩纪至今发育半深海—深海沉积，并以水道和朵叶体沉积为主，其中，水道主要分布在中—上

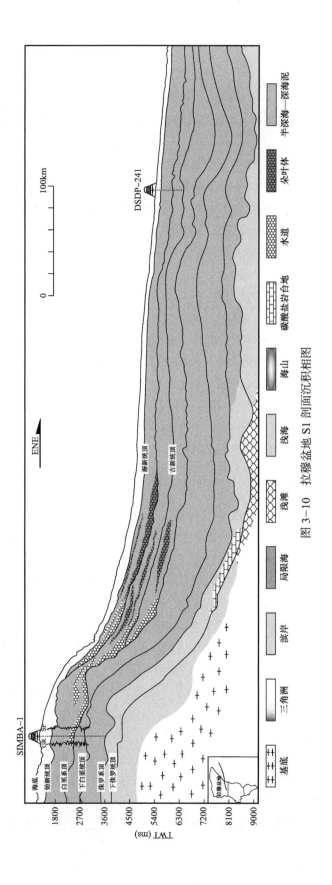

图 3-10 拉穆盆地 S1 剖面沉积相相图

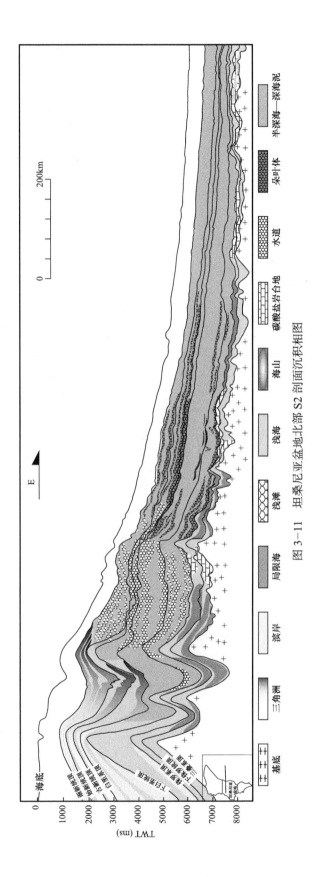

图 3-11 坦桑尼亚盆地北部 S2 剖面沉积相图

图例：基底 三角洲 滨岸 局限海 浅滩 浅海 海山 碳酸盐岩台地 水道 朵叶体 半深海—深海泥

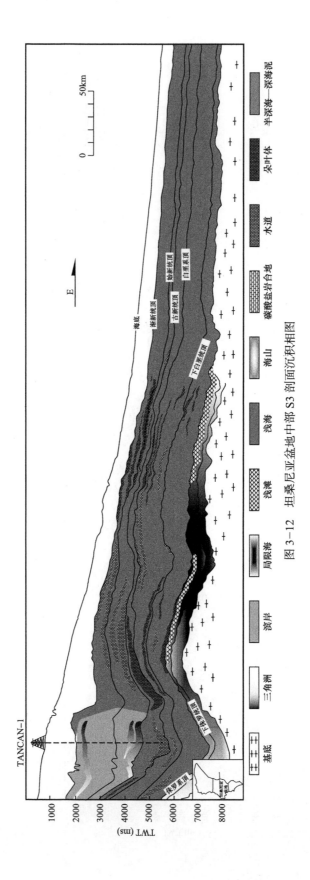

图 3-12 坦桑尼亚盆地中部 S3 剖面沉积相图

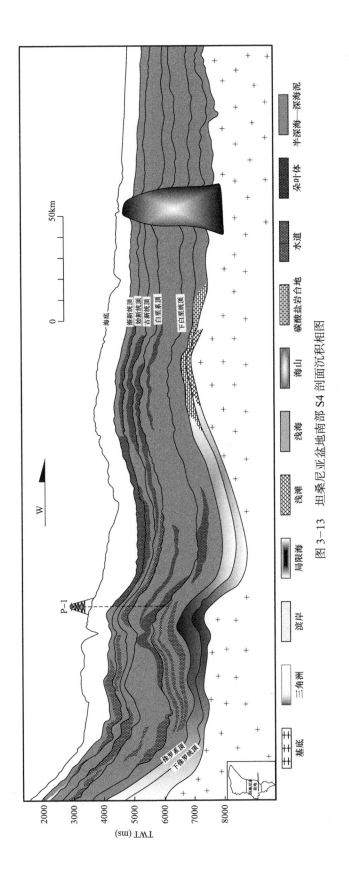

图 3-13　坦桑尼亚盆地南部 S4 剖面沉积相图

图例：三角洲　滨岸　局限海　浅滩　浅海　海山　碳酸盐岩台地　水道　朵叶体　半深海—深海泥

基底　侏罗系顶　下侏罗统顶　渐新统顶　始新统顶　古新统顶　白垩系顶　下白垩统顶

W　P-1　海底　0　50km　TWT (ms)　2000　3000　4000　5000　6000　7000　8000

陆坡，朵叶体多发育于下陆坡—深海平原，此外，水道和朵叶体沉积规模逐渐增大，并向东部延伸。

S6剖面南起鲁伍马盆地北部，向北覆盖整个坦桑尼亚盆地和拉穆盆地，整体近南北向展布，此外，鲁伍马盆地北部的WELL-8井和坦桑尼亚盆地南部的WELL-9井紧邻剖面。垂向上，东非海岸重点盆地沉积类型具有期次性，大致分为三期，包括以浅海沉积为主的侏罗纪，以半深海—深海泥为主的白垩纪，以深水水道和朵叶体沉积为主的古近纪。早侏罗世发育局限海沉积，主要分布在鲁伍马盆地北部和坦桑尼亚盆地；中—晚侏罗世以局限海沉积和碳酸盐岩台地为主，其中，局限海规模减小，主要位于鲁伍马盆地北部和坦桑尼亚盆地南部，碳酸盐岩台地分布在坦桑尼亚盆地中部和拉穆盆地。白垩纪主要发育半深海—深海泥，局部地区出现深水水道和朵叶体沉积，其中，水道规模较小，以朵叶体沉积为主。古近纪主要发育水道和朵叶体沉积，水道外形特征明显，呈"U"形或"V"形，可见中等—强振幅地震反射特征，朵叶体表现为丘状、强振幅地震反射特征。横向上，由南向北沉积特征存在明显差异，早期局限海沉积主要分布在坦桑尼亚盆地以南，拉穆盆地未发育。晚期鲁伍马盆地北部和坦桑尼亚盆地南部主要发育水道沉积，并且具有明显的向南迁移特征；坦桑尼亚盆地中部主要分布水道沉积，水道规模具有期次性，并且呈逐渐增大趋势；坦桑尼亚盆地北部和拉穆盆地朵叶体沉积较为发育，水道规模比坦桑尼亚盆地中部有所减小。

四、平面相

下侏罗统厚度自西向东呈减薄趋势，其中，西部为坳陷带，东部为隆起带。地震反射特征具有分带性，西部为中等—强振幅、中等连续性亚平行地震反射特征；中部为强振幅较好连续性平行地震反射特征；东部以中等—弱振幅、中等—差连续性平行地震反射特征为主，局部可见杂乱反射。鲁伍马盆地北部测井曲线及组合特征主要为齿化漏斗形，坦桑尼亚盆地测井曲线及组合特征主要为低幅微齿形、齿化漏斗形和指形—钟形复合形态，拉穆盆地暂无测井资料。综合考虑地层厚度、地震反射特征和测井曲线及组合等特征，认为研究区早侏罗世由陆向海依次发育河流—冲积平原、三角洲、滨岸、浅海（局限海）和浅滩沉积。其中，拉穆盆地主要发育三角洲、滨岸和浅海沉积；坦桑尼亚盆地和鲁伍马盆地以三角洲、局限海和浅滩沉积为主（图3-14）。

中—上侏罗统厚度整体减薄，表现为西厚东薄特征，沉积中心位于坦桑尼亚盆地中部和拉穆盆地。地震反射特征整体为中等—弱振幅、中等—差连续性，近岸一侧特别是鲁伍马盆地北部和坦桑尼亚盆地出现中等—强振幅、中等连续性亚平行地震反射；向东分布强振幅较好连续性平行地震反射，局部可见杂乱反射。鲁伍马盆地北部测井曲线及组合特征主要为齿化漏斗形，坦桑尼亚盆地测井曲线及组合特征多为低幅微齿形、齿化漏斗形和指形—钟形复合形态，拉穆盆地暂无测井资料。整体而言，研究区中—上侏罗统由陆向海依次发育河流—冲积平原、三角洲、滨岸、浅海（局限海和碳酸盐岩台地）沉积。其中，拉穆盆地主要为三角洲、浅海和碳酸盐岩台地沉积；坦桑尼亚盆地和鲁伍马盆地以三角洲、局限海和碳酸盐岩台地沉积为主（图3-15）。

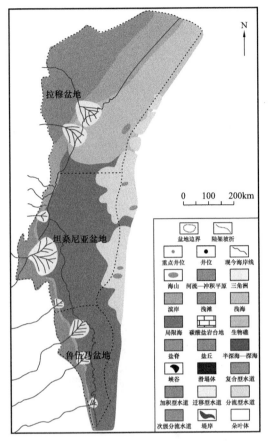

图 3-14 东非被动陆缘盆地下侏罗统沉积相
平面展布图

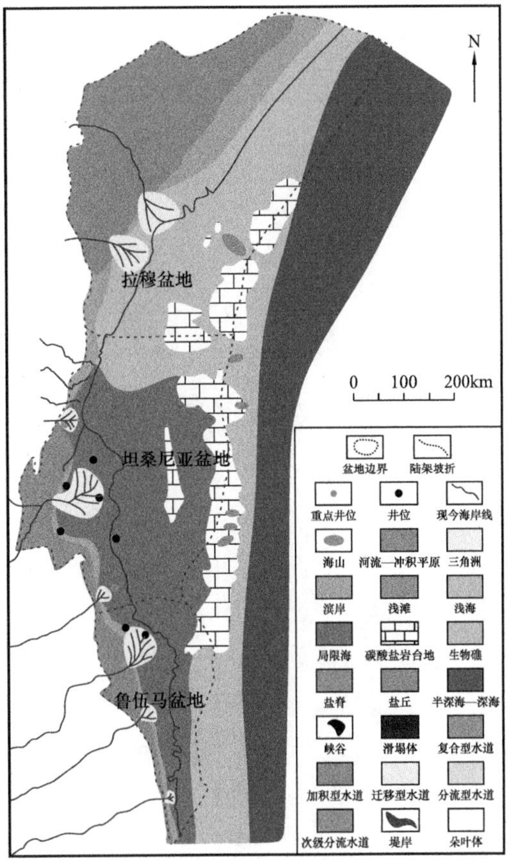

图 3-15 东非被动陆缘盆地中—上侏罗统沉积相
平面展布图

　　白垩系厚度整体增大，沉积中心的范围也明显增大，特别是坦桑尼亚盆地中部、北部和拉穆盆地。研究区下白垩统由西至东地震反射特征具有分带性，西部整体为中等—弱振幅、中等—差连续性平行地震反射特征，部分地区呈"U"形或"V"形中等—强反射、中等连续性亚平行地震反射特征；东部以中等—强振幅、中等—较好连续性平行地震反射特征为主，局部可见杂乱反射。鲁伍马盆地北部测井曲线及组合特征多为齿化钟形及箱形—钟形复合形态，坦桑尼亚盆地常见齿化钟形和箱形，拉穆盆地为齿化漏斗形。综合分析认为研究区下白垩统由陆向海依次发育河流—冲积平原、三角洲、滨岸、浅海、半深海—深海沉积。与侏罗系相比，三角洲沉积规模明显增大，东部深水区发育水道、朵叶体和半深海—深海泥沉积（图 3-16）。

　　上白垩统地震相整体为中等—弱振幅、中等—差连续性平行地震反射特征，西部近岸一侧出现中等—强振幅、中等—较好连续性亚平行反射；向东分布中等振幅、中等—较好连续性平行地震反射，局部见杂乱反射。鲁伍马盆地北部测井曲线及组合特征主要为箱形—钟形复合形态和指形—箱形复合形态，坦桑尼亚盆地多为低幅微齿形、齿化钟形及指形—箱形复合形态，拉穆盆地以齿化钟形为主。综合分析认为研究区晚白垩世由陆向海依次发育河流—冲积平原、三角洲、滨岸、浅海、半深海—深海沉积。与早白垩世相比，三角洲规模有所减小，水道规模呈增大趋势（图3-17）。

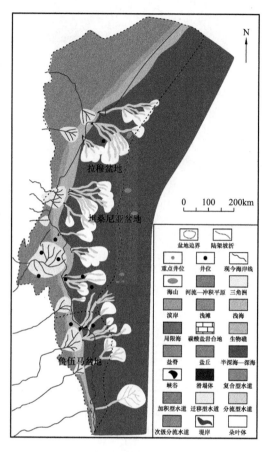 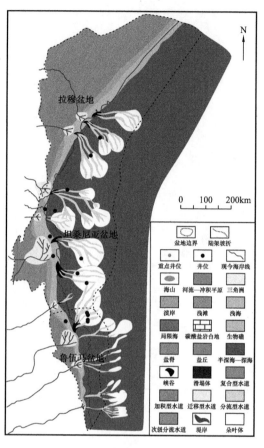

图3-16　东非被动陆缘盆地白垩系沉积相 平面展布图　　图3-17　东非被动陆缘盆地上白垩统沉积相 平面展布图

如图3-18古新统沉积相平面展布图所示，海底为隆坳相间的地貌格局。其中，西部包括三大沉积凹陷，分别位于鲁伍马盆地北部，坦桑尼亚盆地中部、北部和拉穆盆地；东部深水区发育近南北向贯穿整个盆地的Davie隆起带。地震反射特征具有分带性，西部为中等—强振幅中等连续性亚平行地震反射特征；中部以中等—弱振幅中等—差连续性平行反射为主；东部常见中等振幅中等—较好连续性平行地震反射特征。鲁伍马盆地北部测井曲线及组合特征主要为箱形—钟形复合形态，坦桑尼亚盆地以指形—箱形复合形态和指形—漏斗形复合形态为主，拉穆盆地多为箱形和箱形—钟形复合形态。综合上述研究，认为研究区古新世陆上发育陆架边缘三角洲，深水区主要为水道和朵叶体沉积，由南向北沉积规模、展布方向和延伸距离存在差异（图3-18）。

古新世—始新世处于东非被动大陆边缘的稳定期，始新统厚度没有发生明显变化。研究区地震反射东西分带特征更为明显，西部主要为中等—强振幅中等连续性亚平行地震反射特征；东部以中等—弱振幅中等—差连续性平行地震反射为主。鲁伍马盆地北部测井曲线及组合特征主要为箱形、齿化钟形及箱形—钟形复合形态，坦桑尼亚盆地以齿化漏斗形、箱形、钟形和复合形态最为常见，拉穆盆地表现为齿化钟形。与古新统相比，研究区三角洲沉积规模有所增大，深水区水道和朵叶体沉积规模均呈增大趋势，其展布方向和延伸距离具有继承性（图 3-19）。

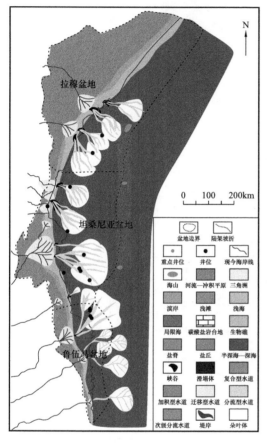 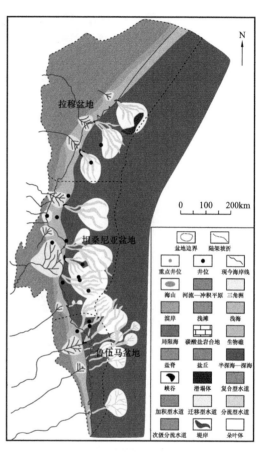

图 3-18　东非被动陆缘盆地古新统沉积相 平面展布图　　图 3-19　东非被动陆缘盆地始新统沉积相 平面展布图

渐新统厚度图显示坳陷向东延伸，沉积厚度增大。地震相南北分块特征明显，可分为三大区块。此外，由西至东地震反射特征具有分带性，西部主要为中等—强振幅中等连续性亚平行反射；东部以中等—弱振幅中等—差连续性平行反射为主。测井曲线特征自南向北差异明显，由鲁伍马盆地北部到坦桑尼亚盆地中部主要为齿化钟形和箱形—钟形复合形态；而坦桑尼亚盆地北部到拉穆盆地以齿化漏斗形为主。整体而言，三角洲沉积规模持续增大，深水区水道类型增多且沉积规模呈增大趋势，其展布方向和延伸距离具有继承性。此外，盆地各部的水道类型存在差异，鲁伍马盆地北部主要发育复合型、侧向迁移型水道；坦桑尼亚盆地南部主要发育孤立型水道，中部以复合型、垂向加积型、侧向迁移型水道为主，北部常见复合型、侧向迁移型水道；拉穆盆地发育复合型、侧向迁移型水道（图 3-20）。

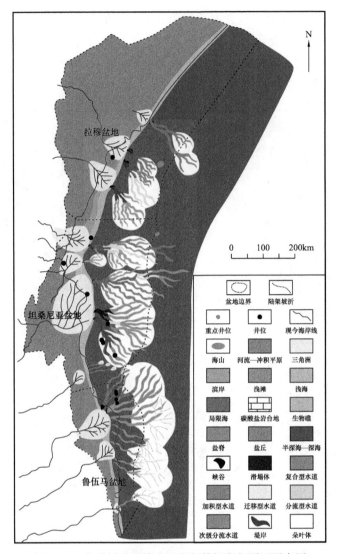

图3-20　东非被动陆缘盆地渐新统沉积相平面展布图

第四节　构造—沉积耦合关系

综合东非被动陆缘盆地构造演化、构造单元、地层厚度、断层发育及沉积体系等特征，发现盆地构造与沉积具有以下耦合关系：裂陷期以三角洲—局限海—浅滩沉积体系为主，走滑期发育三角洲—局限海—碳酸盐岩台地，被动陆缘二期三角洲—水道—朵叶体沉积体系最为常见（表3-5）。

一、裂陷期（二叠纪—早侏罗世）

冈瓦纳古陆发生裂陷，形成陆内的地堑型裂谷。随着卡鲁地幔柱的活动，冈瓦纳超级大陆开始解体（金宠等，2012）。由于卡鲁裂谷作用，Davie西断层开始活动，贯穿鲁伍马盆地北部和坦桑尼亚盆地，分布在 Davie 构造带的西侧，表现为正断层性质。伴随全球海平面上升，古特提斯洋率先从北东方向侵入裂陷盆地，形成了湾状浅海（张光亚等，2015）。研究区整体上发育三大"源—汇"沉积体系。鲁伍马盆地的鲁伍马河、坦桑尼亚盆地的鲁菲吉河和拉穆盆地的塔纳河为盆地供给物源，导致鲁伍马盆地和坦桑尼亚盆地发育河流—冲积平原—三角洲—局限海—浅滩沉积体系，拉穆盆地以河流—冲积平原—三角洲—浅海—浅滩沉积体系为主。

表 3-5　东非被动陆缘盆地构造—沉积耦合关系

构造演化	构造层	构造单元	主要断层	应力性质	沉积体系
裂陷期	下构造层（P—J_1）	西部坳陷带—中部斜坡带—东部隆起带	Davie 西正断层	拉张	三角洲—局限海—浅滩
走滑期	中构造层（J_{2-3}—K_1^1）	—	Davie 西转换断层、Seagap 走滑断层	剪切	三角洲—局限海—碳酸盐岩台地
被动陆缘二期	上构造层（K_1^2 至今）	西部坳陷带—中斜坡带—深海平原带	Davie 西正断层、Seagap 走滑断层	拉张	三角洲—水道—朵叶体

二、走滑期（中晚侏罗世—早白垩世早期）

中侏罗世开始，马达加斯加陆块开始向南漂移，区域整体为走滑应力场，其中洋脊以北以左行为主，洋脊以南以右行为主。同时，David 东转换断层开始活动，并将盆地分隔为中部斜坡带和深海平原带。受控于 David 东转换断层的活动，在 Davie 构造脊高部位发育大量条带状碳酸盐岩台地沉积，分隔了局限海和浅海。随着东冈瓦纳大陆向南漂移和古特提斯洋向南扩张，东非大陆边缘发生海侵，三角洲沉积规模整体减小，局限海向南收缩，鲁伍马盆地和坦桑尼亚盆地发育河流—冲积平原—三角洲—局限海—碳酸盐岩台地沉积体系，拉穆盆地主要为河流—冲积平原—三角洲—浅海—碳酸盐岩台地沉积体系。

三、被动陆缘二期（早白垩世晚期至今）

1. 物源体系

受早白垩世晚期以来东非被动陆缘海底持续扩张以及渐新世以来 Afar 地幔柱活动的影响，东非被动陆缘形成了西高东低的地貌格局，故推测来自西部的陆缘碎屑物质主要通过鲁伍马河、姆布韦姆库鲁河、鲁菲吉河、鲁伏河、瓦米河、姆桑加西河、潘加尼河、温巴河等河流向东输送，在陆架边缘发育不同规模的三角洲沉积，又经四种类型的水道搬运，于重点盆地东部的陆坡及深水区发育以水道—朵叶体沉积为主的深水重力流沉积。

为进一步明确该时期的深水扇体主要来源于西部东非大陆的河流，此处以鲁伍马盆地为例进行说明。通过对鲁伍马盆地古近系 4 口井岩心及岩屑采样分析，可发现该地区古近系砂岩总体上以长石砂岩和长石质石英砂岩为主。一般认为长石砂岩和长石质石英砂岩多由长英质母岩，如花岗岩或片麻岩短距离搬运形成。故推测鲁伍马盆地陆坡深水扇砂体物源应来自花岗岩或片麻岩片区。考虑到鲁伍马盆地西部莫桑比克褶皱带内的结晶基底岩性为富含长英质的片麻岩，并且通过榍石裂变径迹测年可知其在古生代就已经形成并出露地表开始遭受剥蚀。进一步反映了古近纪物源主要来自盆地西部的结晶岩，这些结晶岩随着河流向东注入盆地，并继续搬运至深海环境中，形成深水沉积砂岩。

鲁伍马盆地北部主要由鲁伍马河提供陆源物质，河流最大供源距离为960km，流域面积达162807km²，在陆架边缘形成面积达16362km²的大型三角洲。碎屑物质再经陆架边缘向东搬运，对应深水区发育盆地内部规模最大的水道—朵叶体沉积，其面积达24431km²。中—上陆坡主要发育大规模的复合型水道，其宽度为2.5~6.4km，深度为270~480m，宽深比为5.2~23.7；沿陆坡向下，侧向迁移型水道及两侧堤岸沉积较为发育，宽深比为16.7~21.1；坡脚和深海平原发育规模大、展布远的扇状朵叶体沉积。水道—朵叶体沉积由南西至北东向展布，延伸距离达140~200km。

坦桑尼亚盆地南部主要由姆布韦姆库鲁河提供物源，该河流供源距离为325km，流域面积达17109km²，对应陆架边缘和深水区发育的三角洲与深水水道—朵叶体沉积规模最小，面积分别为1911km²和562km²。碎屑物质由陆架边缘向东部深水区搬运，沿陆坡方向主要发育规模较小的孤立型水道，其宽度为1.4~2.1km，深度为50~60m，宽深比为23.3~42.0，水道两侧未发育堤岸沉积，坡脚处发育小规模的朵叶体沉积，水道—朵叶体沉积整体延伸范围小（<28km），并且呈近南西—北东向展布。

坦桑尼亚盆地中部的陆源碎屑物质主要由坦桑尼亚境内最大河流——鲁菲吉河自西向东输送，该水系供源距离为1050km，流域面积约204378km²，在陆架边缘形成面积达24157km²的大型三角洲。碎屑物质再经陆架边缘向东搬运，对应深水区发育盆地内部规模最大的水道—朵叶体沉积，其面积达23838km²。中—上陆坡主要发育大规模的复合型水道，其宽度为3.4~14.3km，深度为320~510m，宽深比为6.7~44.7；沿陆坡向下，垂向加积型、侧向迁移型水道及两侧堤岸沉积较为发育，宽深比分别为17.7~32.1和63.8~77.3，此外，侧向迁移型水道弯曲度明显比垂向加积型水道大，但垂向加积型水道向东延伸至3000m水深处，其范围远大于侧向迁移型水道；坡脚和深海平原发育规模大、展布远的扇状朵叶体沉积，水道—朵叶体沉积由北西至南东向延伸，延伸距离达140~180km。

坦桑尼亚盆地北部及以北地区由南到北依次发育鲁伏河、瓦米河、姆桑加西河、潘加尼河以及温巴河，供源水系的总流域面积略小于盆地中部，约180093km²。其中，潘加尼河规模最大，河流供源距离达920km，流域面积约110314km²，是坦桑尼亚盆地北部最主要的供源水系；瓦米河供源距离达540km，流域面积约40468km²；鲁伏河供源距离达470km，流域面积约17310km²；温巴河供源距离达240km，流域面积约7179km²；姆桑加西河供源距离约220km，流域面积约4822km²。陆源碎屑物质由西向东输送，于东部陆架边缘及深水区发育三角洲与水道—朵叶体沉积，其沉积面积分别为9488km²和8532km²。中—上陆坡主要发育复合型、侧向迁移型水道，水道宽深比为14.3~66.9，与坦桑尼亚盆地中部相近，侧向迁移型水道两侧发育堤岸沉积；沿陆坡向下，朵叶体与水道相伴生，其规模及延伸距离较坦桑尼亚盆地中部均有所减小（60～140km）；整体上，坦桑尼亚盆地北部与中部的水道—朵叶体沉积展布方向一致，呈近北西—南东向。

2. 陆架—陆坡地形

不同陆架—陆坡地形或同一地形不同位置的深水沉积成因机制不尽相同，从而发育不同的深水沉积类型，陆架—陆坡地形通常包括陆架宽度、陆坡坡降等。东非被动陆缘盆地由于受走滑期转换型陆缘盆地影响，整体呈"窄陆架、陡陆坡"特征，这为深水沉积特别是深水重力流的发育提供了有利地形和坡度条件。由于走滑期马达加斯加板块向南漂移时存在顺时针旋转，导致研究区南部相比北部陆架更窄。

鲁伍马盆地北部的外陆架—上陆坡宽度为52～67km，坡降较陡，为2.11°～3.36°。重力流流体能量相对较强，早期水道以侵蚀作用为主，后期随流体能量减弱，水道侵蚀下切能力减弱，多以沉积充填为主。由于鲁伍马河水系提供充分的陆源碎屑物质，水道之间相互叠置且支流不断增多，在中—上陆坡主要发育大规模复合型水道，沿陆坡向下，坡度逐步减小，主要发育侧向迁移型水道及小规模的堤岸沉积。充足的陆源碎屑物质经较陡的陆坡搬运至深海平原，由于限制性环境转变为非限制性环境，故呈放射状向周围分散形成朵叶体。

坦桑尼亚盆地南部的外陆架—上陆坡宽度为34～46km，坡降为4.59°～5.72°，整体呈"窄陆架、陡陆坡、大坡降"特征。受外陆架—上陆坡较陡地形影响，重力流流速较快、能量较强，在中—上陆坡发育侵蚀能力极强、弯曲度较小的限制性水道。由于规模较小的姆布韦姆库鲁河提供陆源碎屑物质，水道整体规模较小，以孤立型水道为主，在水道末端限制性水道沉积转化为厚度较大、延伸范围较小的扇状朵叶体。

坦桑尼亚盆地中部的外陆架—上陆坡宽度增大，为81～107km，坡降变缓，为1.12°～1.53°。重力流流体能量相对减弱，但早期水道侵蚀作用依旧强烈，后期随流体能量减弱，水道侵蚀下切能力减弱，多以沉积充填为主。由于鲁菲吉河水系提供充分的陆源碎屑物质，水道之间相互叠置且支流不断增多，在中—上陆坡主要发育大规模复合型水道，沿陆坡向下，坡度逐步减小，主要发育垂向加积型、侧向迁移型水道及小规模的堤岸沉积。充足的陆源碎屑物质经较陡的陆坡搬运至深海平原，由于限制性环境转变为非限制性环境，故呈放射状向周围分散形成朵叶体。

坦桑尼亚盆地北部的外陆架—上陆坡宽度持续增大，近160～192km，坡降更缓，为0.99°～1.43°，盆地北部整体呈"宽陆架、缓陆坡、小坡降比"特征。重力流初始能量较弱，在上陆坡以侵蚀—沉积作用为主，陆源碎屑物质来自规模较小的水系，受物源供给量的限制，复合型水道规模整体减小。随着能量不断减弱，侵蚀能力逐渐下降，中—下陆坡发育弯曲度较大的侧向迁移型水道，水道两侧堤岸沉积开始发育且规模明显大于盆地中部。沉积物沿较缓的陆坡经远距离搬运至沉积区，累积的势能转化为动能，促使沉积物沿斜坡向下形成面积较广、厚度较薄的席状朵叶体。

3. 耦合关系

早白垩世晚期，海底扩张运动持续发展，马达加斯加板块基本停止向南漂移，构造活动相对减弱，东非大陆边缘基本形态和构造成型，洋中脊位置与现今位置基本一致（金宠等，2012）。Davie 西断层、Davie 东转换断层和 Seagap 断层为走滑性质。受 Seagap 断层左行走滑形成的大量次级断层影响，坦桑尼亚盆地中部成为沉降中心。鲁伍马河、鲁菲吉河等水系为深水地区供给大量物源，研究区由陆向海依次发育河流—冲积平原—三角洲—滨岸—浅海—半深海—深海沉积。

随着南、北印度洋的贯通，海平面持续上升，水体不断加深。晚白垩世晚期，印度板块加速向东北方向漂移同时逆时针旋转，造成拉穆盆地和坦桑尼亚盆地局部出现岩浆拱张事件，同时受压扭应力控制，Walu—Davie 构造带出现反转，拉穆盆地开始形成深水褶皱冲断带，成为沉降中心。受控于海平面的持续上升，各盆地三角洲规模缩小，深水区发育水道—朵叶体沉积。此外，晚白垩世开始，位于坦桑尼亚盆地中部与南部边界的洋中脊停止拱张，并发生塌陷，其早期拉张作用与后期重力作用致使被动边缘深水区形成热沉降带，海底出现隆坳相间的地貌格局（金宠等，2012；Mcdonough et al.，2013）。由于鲁伍马盆地北部和坦桑尼亚盆地南部位于沉降带南西方向，坦桑尼亚盆地中部及北部则位于沉降带北西方向，造成鲁伍马盆地北部和坦桑尼亚盆地南部的水道—朵叶体沉积呈近南西—北东向展布，而坦桑尼亚盆地中部及北部的水道—朵叶体沉积整体呈北西—南东向展布。

古新世—始新世整体构造格局继承晚白垩世，Davie 西断层、Seagap 断层以正断层为主，Davie 东断层活动较弱，受 Seagap 断层及其次级断层影响，坦桑尼亚盆地中部偏北成为沉降中心。伴随印度板块与欧亚板块的碰撞、聚合，发生全球范围的海退事件，各盆地三角洲沉积体系向海推进，海域普遍发育深水重力流沉积，沉积规模较白垩纪呈增大趋势。

渐新世，东非北部 Afar 地幔柱开始活动，东非裂谷系形成，并逐渐向南传播（Bosellini，1986；Mcdonough et al.，2013；Said et al.，2015）。Davie 西断层、Seagap 断层以正断层为主，Davie 东断层活动较弱。受 Seagap 断层及其次级断层的持续活动影响，坦桑尼亚盆地中部偏北仍为沉降中心。由于海平面的持续降低和物源的充足供给，各盆地深水水道—朵叶体沉积规模增大。鲁伍马盆地北部和坦桑尼亚盆地发育以深水重力流水道为主的河流—冲积平原—三角洲—水道—朵叶体沉积体系，拉穆盆地发育以朵叶体为主的河流—冲积平原—三角洲—水道—朵叶体沉积体系。

第五节　沉积模式

东非海岸鲁伍马盆地、坦桑尼亚盆地和拉穆盆地经历了三期构造—沉积演化，分别为裂陷期、走滑期和被动陆缘二期，不同构造演化阶段对应不同的沉积模式。

一、裂陷期（二叠纪—早侏罗世）

鲁伍马河、鲁菲吉河等水系为盆地提供物源，鲁伍马盆地和坦桑尼亚盆地发育河流—冲积平原—三角洲—局限海—浅滩沉积体系，拉穆盆地以河流—冲积平原—三角洲—浅海—浅滩沉积体系为主（图3-21）。

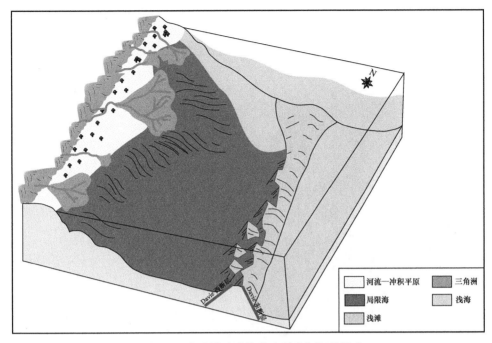

图3-21 东非被动陆缘盆地裂陷期沉积模式

二、走滑期（中晚侏罗世—早白垩世早期）

受控于Davie东转换断层的活动，在Davie构造脊高部位发育大量条带状、分隔局限海和浅海的碳酸盐岩台地沉积。鲁伍马盆地和坦桑尼亚盆地发育河流—冲积平原—三角洲—局限海—碳酸盐岩台地沉积体系，拉穆盆地以河流—冲积平原—三角洲—浅海—碳酸盐岩台地沉积体系为主（图3-22）。

三、被动陆缘二期（早白垩世晚期至今）

早白垩世晚期，伴随水体加深，东非海岸重点盆地发育河流—冲积平原—三角洲—半深海—深海沉积体系。晚白垩世晚期，受火山造山作用影响，东非大陆和马达加斯加板块东部发生抬升和剥蚀，物源供给更加充分，深水盆地的碎屑沉积明显增多。古近纪以来，特别是渐新世，全球海平面持续下降，研究区以进积型沉积为主，发育了鲁伍马和鲁菲吉等大型三角洲。同时，大量陆源碎屑沿着陆坡向深海搬运，深水区发育深水水道—朵叶体。其中，鲁伍马盆地和坦桑尼亚盆地自南向北发育三大"源—汇"沉积体系。鲁伍马盆地北部为窄陆架—陡陆坡背景下的大型单源供给体系，深水区主要发育复合型、侧向迁移型水道和朵叶体沉积，水道—朵叶体规模最大。坦桑尼亚盆地南部为窄陆架—陡陆坡背景下的小型单源供给体系，深水区以孤立型水道和朵叶体为主，水道—朵叶体规模最小。坦桑尼亚盆地中部陆架变宽、陆坡变缓，为大型单源供给体系，深水区主要发育复合型、垂向加积型、侧向迁移型水道和朵叶体沉积，水道和朵叶体规模仅次于鲁伍马盆地北部。坦桑尼亚盆地北部陆架—陆坡地形进一步变缓，为宽缓陆架—陆坡背景下的中型多源供给体系，深水区发育复合型、侧向迁移型水道、堤岸和朵叶体沉积，深水水道与朵叶体规模较大（图3-23）。

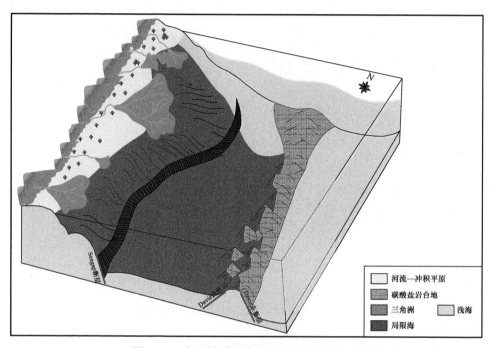

图3-22　东非被动陆缘盆地走滑期沉积模式

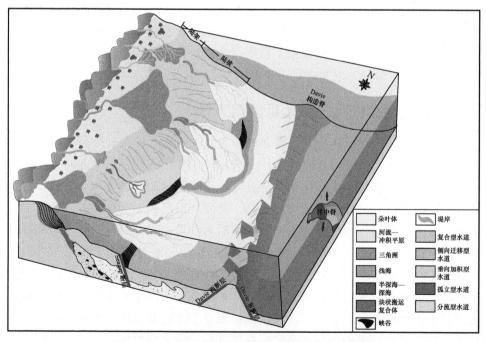

图3-23　东非被动陆缘盆地被动陆缘二期沉积模式

第四章　盆地油气地质特征

　　所有的被动大陆边缘盆地都经历了裂陷期和被动陆缘二期等原型阶段，其沉积充填具有明显的垂向叠加层序，易形成有利的生储盖组合关系。但是鲁伍马盆地、坦桑尼亚盆地和拉穆盆地仍受限于不同的盆地结构和构造沉积特征，导致各盆地的烃源岩、储层、盖层、圈闭等具有明显差异性。

第一节　烃源岩特征

一、烃源岩分布特征

　　现有的研究表明，东非海岸发育了上石炭统—下侏罗统、中上侏罗统—白垩系和古近系等三套烃源岩。Smelror 等（2006）将坦桑尼亚盆地烃源岩分为二叠系—三叠系卡鲁群、侏罗系、白垩系和古近系等四套潜在烃源岩。孔祥宇（2013）认为鲁伍马盆地发育二叠系—三叠系卡鲁群、侏罗系、白垩系、古近系等四套烃源岩，勘探报告显示鲁伍马盆地在侏罗系和白垩系坎潘阶发育烃源岩（IHS，2018）。考虑烃源岩纵向分布和埋深等因素，将东非海岸拉穆、坦桑尼亚和鲁伍马三个重点盆地的烃源岩整体统一划分为二叠系—三叠系（卡鲁群）、下侏罗统、中侏罗统—白垩系、新生界等四大套烃源岩。其中拉穆盆地下侏罗统烃源岩不发育，坦桑尼亚盆地四套烃源岩发育完善，鲁伍马盆地二叠系—三叠系烃源岩和新生界烃源岩不发育。

1. 二叠系—三叠系烃源岩

　　二叠系—三叠系卡鲁群烃源岩为盆地裂陷期湖相泥岩，其 TOC 含量为 0.2%～9.0%，氢指数范围在 12～483mg/g 之间，生烃潜量为 2.59～210.81mg/g，有机质以 Ⅱ—Ⅲ 型干酪根为主，镜质组反射率 R_o 值范围为 0.5%～2.13%，有机质达到成熟状态，部分达高成熟。其中坦桑尼亚盆地二叠系—三叠系烃源岩 TOC 范围为 0.2%～9.0%，局部（煤层）最高甚至达到 78.4%，氢指数为 12～483mg/g，成熟度 R_o 为 0.5%～2.13%（图 4-1），基本上都已达成熟状态，生烃潜量（S_1+S_2）为 2.59～210.81mg/g，潜力达中等—好（孙玉梅等，2016），烃源岩以倾气型为主。鲁伍马盆地卡鲁群烃源岩 TOC 含量为 7%（崔志骅，2016），最高达 7.5%，氢指数局部层位如 Lukuledi 地堑内卡鲁群湖相页岩为 386mg/g，生烃潜力高，烃源岩以生油为主，主要为 Ⅱ₁ 型干酪根（许志刚等，2014）。拉穆盆地卡鲁群烃源岩有机质主要为 Ⅱ—Ⅲ 型干酪根，烃源岩以倾气型为主。

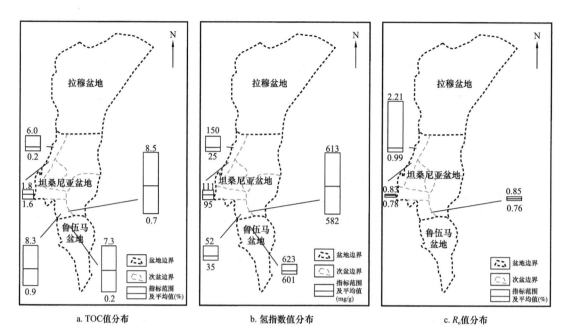

a. TOC值分布　　　　　b. 氢指数值分布　　　　　c. R_o值分布

图 4-1　东非被动陆缘盆地二叠系—三叠系烃源岩地球化学指标分布

2. 下侏罗统烃源岩

下侏罗统以局限海相泥岩为主，泥岩厚度大，横向分布稳定，早侏罗世晚期还发育厚层盐岩。TOC 含量为 0.1%～10.9%，平均为 4.7%，以Ⅱ—Ⅲ型干酪根为主，有机质达成熟—过成熟。坦桑尼亚—拉穆盆地海上区域烃源岩处于过成熟演化阶段。陆上部分钻井揭示 R_o 多为 0.6%～1%，达到成熟生油阶段。有机质大致在埋深 1000m 时成熟生油，3500m 时高成熟生气。

坦桑尼亚盆地下侏罗统烃源岩 TOC 含量在 0.1%～10% 之间（图 4-2），氢指数在 35～1000mg/g 之间，成熟度 R_o 最高达 1.2%，存在从未熟至成熟的多种成熟度，生烃潜量最高达 88mg/g（崔志骅，2016），以生气为主。鲁伍马盆地下侏罗统烃源岩 TOC 含量在 0.6%～10.9% 之间，平均值为 4.7%（崔志骅，2016），局部最高可达 26%（张光亚等，2015），成熟度为高成熟—过成熟，部分已进入生气窗，以生气为主。鲁伍马盆地与坦桑尼亚盆地下侏罗统烃源岩Ⅰ型、Ⅱ型、Ⅲ型干酪根均有发育，以Ⅰ—Ⅱ$_2$型为主（图 4-3）。

3. 中侏罗统—白垩系烃源岩

中侏罗统—白垩系烃源岩主要为海相泥岩或石灰岩，其 TOC 含量在 0.09%～12.2% 之间，平均值为 0.25%～4.5%（图 4-4），其中白垩系烃源岩 TOC 含量多大于 2%。氢指数小于 150mg/g，白垩系烃源岩氢指数普遍偏低，基本上都低于 150mg/g，上侏罗统烃源岩氢指数相对白垩系较高，但 TOC 含量总体均在 100～150mg/g 之间。生烃潜量最大为 5.5mg/g。有机质以Ⅲ型干酪根为主。

坦桑尼亚海岸与鲁伍马盆地中—上侏罗统有机质丰度一般较低，有机质类型以Ⅲ型为主，向海方向有机质丰度可能增加（Nairn et al.，1991；许志刚等，2014）。坦桑尼亚

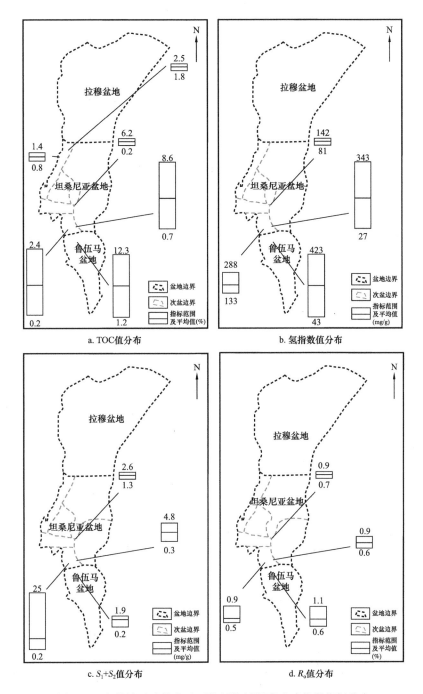

图4-2　东非被动陆缘盆地下侏罗统烃源岩地球化学指标分布

盆地 Songo-7 井揭示的上侏罗统烃源岩 TOC 含量在 0.45%～1.76% 之间，氢指数在 33～125mg/g 之间，生烃潜量为 0.1～2.2mg/g，R_o 值在 0.8%～0.95% 之间，烃源岩质量中等（许志刚等，2014）。坦桑尼亚盆地上侏罗统—下白垩统泥岩 TOC 含量在 1.0%～2.4% 之间，最高可达 18%（张光亚等，2015），氢指数为 47～273mg/g，干酪根以 II 型或 III 为主，上侏罗统—下白垩统页岩 TOC 含量为 1.78%～12.2%，氢指数为 129mg/g。中侏罗统—白垩系页岩烃源岩整体 TOC 含量为 0.35%～12.2%，局部可达 18%，氢指数为 12～688mg/g，局部可达 1000mg/g，成熟度 R_o 在 0.6%～1.4% 范围内，现今成熟度为低成熟—过成熟，部分区域上侏罗统—下白垩统烃源岩已进入生气窗，上侏罗统（Songo-7 井）生烃潜量为 0.1～2.2mg/g。鲁伍马盆地中侏罗统—白垩系烃源岩 TOC 值在 1.34%～12% 之间，成熟度为低成熟—过成熟等多种成熟度，其中 Lindi-2 井揭示的下白垩统粉砂质页岩的 TOC 达到了 1.34%（孔祥宇，2013），上白垩统海相页岩 TOC 值达到了 12%（周总瑛等，2013）。拉穆盆地中侏罗统—白垩系烃源岩现今成熟度为低成熟—过成熟。

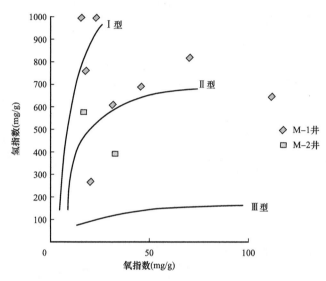

图 4-3　坦桑尼亚盆地下侏罗统烃源岩类型

4. 新生界烃源岩

东非海岸重点盆地新生界烃源岩的相关资料与文献较少，其烃源岩 TOC 含量在 0.5%～7% 之间，大多低于 2%（图 4-5），新近系与部分古近系烃源岩 TOC 含量大于 1%（崔志骅，2016），始新统烃源岩 TOC 含量普遍低于 1%。整体上，陆上东部与北部烃源岩 TOC 含量较西部高。氢指数变化范围较大，普遍偏低，有机质以 Ⅲ 型干酪根为主。仅有资料表明新生界生烃潜力较低，生烃潜量平均值为 1～5mg/g，拉穆盆地中 Pate 1 井新生界烃源岩生烃潜力稍高，但总体低于中—下侏罗统。受埋深较浅影响，有机质普遍未成熟（于璇等，2015），成熟生烃灶范围分布比较局限。

5. 主力烃源岩识别

东非陆缘盆地群的二叠系—三叠系、下侏罗统、中侏罗统—白垩系和始新统为潜在烃源岩发育层系。

二叠系—三叠系卡鲁群烃源岩为早期陆内裂谷控制的湖泊和湖沼沉积，有机质丰度高，干酪根类型以 Ⅱ₂—Ⅲ 型为主，具生烃潜力，分布范围较局限。中侏罗统—白垩系烃源岩主要为海相泥岩、页岩或石灰岩，TOC 含量范围为 0.09%～6.1%，平均为 0.98%；生烃潜量平均值为 0.34mg/g，最大值为 5.62mg/g；有机质以 Ⅲ 型干酪根为主。地球化学指

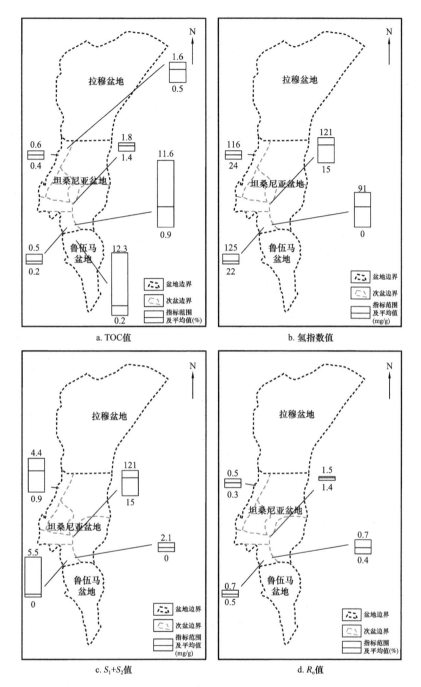

图 4-4　东非被动陆缘盆地中侏罗统—白垩系烃源岩地球化学指标分布

标总体偏低，烃源岩质量较差。新生界烃源岩埋深较浅，有机质普遍未成熟，成熟生烃灶分布范围比较局限。下侏罗统发育局限海相泥/页岩和盐岩，烃源岩厚度大，分布广泛，地震资料解释表明深水区亦发育该套烃源岩。有机质丰度高，TOC 含量为 1.1%～10.9%，平均为 4.2%。生烃潜力大，生烃潜量为 1.47～60mg/g。有机质类型以 $I-II_2$ 型干酪根为主。据样品测试和生烃模拟，有机质已达成熟—过成熟演化阶段，总体评价为好生油岩。

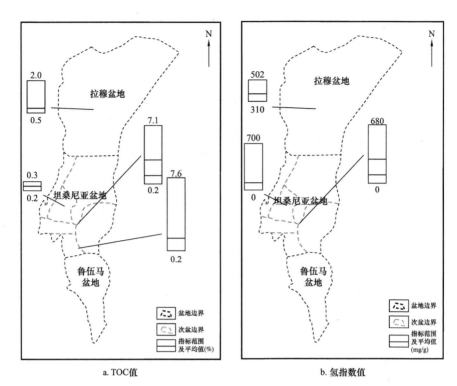

a. TOC值　　　　　　　　　　b. 氢指数值

图 4-5　东非被动陆缘盆地新生界烃源岩地球化学指标分布

坦桑尼亚盆地深水区已发现 Mzia、Jodari、Lavani、Chewa、Pweza、Chaza 等气田，应用岩屑罐顶取样、MDT 取样和 Wireline 取样等方式获得了其中 4 口井的气样，对天然气组分和碳同位素资料进行了分析。罐顶气为全井段系统取样，天然气 C_1—C_5 组分齐全，甲烷碳同位素较重，由深层至浅部干燥系数增加，由湿气变为干气，表明主力产层均为热成因气。Chewa-1 和 Chaza-1 井产层 MDT 气样的湿气含量与甲烷碳同位素数据说明其主要为海相烃源岩生成的凝析油伴生气。

天然气的重烃碳同位素与其母质类型关系密切，因此是判断天然气来源的重要参数。据 Robert（1986）报告，二叠系泥岩与侏罗系烃源岩碳同位素接近（−31‰～−27.6‰），Makarawe-1 井中侏罗统烃源岩饱和烃碳同位素为 −28.4‰。据收集到的马达加斯加盆地数据分析，下三叠统烃源岩与重油碳同位素轻，下侏罗统烃源岩饱和烃碳同位素为 −29‰～−24.3‰（图 4-6），与坦桑尼亚盆地深水区天然气接近。因此，下侏罗统烃源岩应为深水区主力烃源岩。

天然烷烃气的氢同位素主要受烃源岩沉积环境和热演化程度的影响，烃源岩的母质类型对氢同位素影响不大。坦桑尼亚盆地深水区甲烷氢同位素普遍较重（大于 −120‰；图 4-7），说明其来自盐度较高的海相烃源岩且热演化程度高。而坦桑尼亚盆地 Mandawa-7 井和 Mbuo-1 井揭示下侏罗统为高盐度海相沉积，因此，认为下侏罗统局限海相沉积的富泥型烃源岩是坦桑尼亚盆地深水区的主力气源。

烃源岩乙烷碳同位素为 −28.4‰～−22.5‰（图 4-8），与坦桑尼亚盆地深水区天然气碳同位素接近，表明坦桑尼亚盆地深水区天然气主要来自下侏罗统烃源岩（孙玉梅等，2016）。

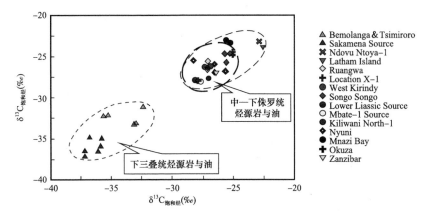

图 4-6 Songo Songo 和 Mnazi Bay 气田凝析油碳同位素特征（据 Robertson，2000）

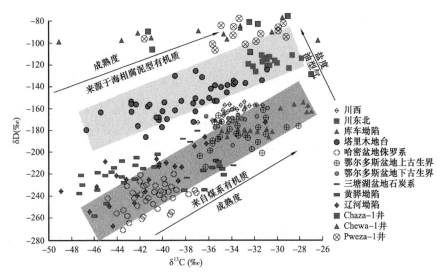

图 4-7 甲烷碳同位素与甲烷氘同位素交会图（据孙玉梅等，2016）

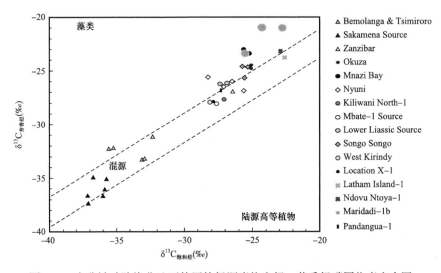

图 4-8 东非被动陆缘盆地下侏罗统烃源岩饱和烃—芳香烃碳同位素交会图

综合分析天然气组分、重烃碳同位素、轻烃碳同位素和氢同位素等多种数据及资料，认为下侏罗统优质烃源岩是东非陆缘盆地群的主力烃源岩。

二、主力烃源岩发育特征

1. 下侏罗统沉积特征

分析主力烃源岩的沉积环境是评价烃源岩优劣、预测烃源岩平面分布特征的重要依据。本章以坦桑尼亚盆地的 A-1 井、A-2 井和 A-3 井为例进行详叙。其中 A-1 井位于坦桑尼亚盆地北部沿岸陆地处，其整体由多套砂、泥岩构成的反向旋回组成，并且 A-1 井附近水系发育，有陆地河流提供丰富物源，发育三角洲相（图 4-9），下侏罗统岩性为大段泥岩夹砂岩。

A-2 井位于坦桑尼亚盆地南部海湾，下侏罗统底部发育小部分河流相砂岩，下部发育厚层泥岩夹薄层盐岩的局限浅海相，上部发育潟湖相厚层盐岩夹薄层泥岩。由下至上，泥岩厚度逐渐变小，盐岩逐渐发育。A-3 井与 A-2 井邻近，两者均处于曼达瓦凹陷，并且更靠近凹陷右侧边界处的小型隆起，水体更浅，其整体岩性为泥岩与盐岩互层，中部盐岩比较集中，厚度较大，上部和下部泥岩较发育且下部泥岩较上部厚度大。整个下侏罗统上段为潟湖相厚层盐岩夹薄层泥岩，下段为局限浅海相厚层泥岩夹薄层盐岩。

早侏罗世初期，东非海岸由北向南呈"V"形逐渐拉开，海水沿拉穆盆地、坦桑尼亚盆地、鲁伍马盆地由北东向南西发生海侵，与西部海岸及东部隆起共同构成一个狭长闭塞海湾，地层具"东薄中厚"特征，发育的下侏罗统烃源岩主要为闭塞缺氧环境的局限浅海相泥岩、潟湖相泥岩和三角洲相泥岩，以局限浅海相分布最广（图 4-10）。盆地中部为水体较深的局限浅海相，早侏罗世早期，海侵导致盆地海平面上升，在坦桑尼亚盆地西南部小型隆起西侧形成曼达瓦凹陷，虽与盆地中部水体连通，但其环境较盆地中部局限，在曼达瓦凹陷发育小范围的局限浅海相厚层泥岩夹薄层盐岩，而盆地中部深水区发育局限浅海相厚层泥岩夹砂岩，可能也发育盐岩夹层；至早侏罗世末期海平面有小幅度下降，曼达瓦凹陷沉积环境更为局限，沉积了一套潟湖相厚层盐岩夹薄层泥岩，盆地中部深水区发育局限浅海相大套泥岩夹砂岩。三个盆地的西部沿岸发育条带状滨海相，陆上发育河流—冲积平原和三角洲相，坦桑尼亚盆地东部和拉穆盆地东南部发育水下浅滩。上述盆地边缘均以砂、泥岩互层为特征，中部深水区则发育大套泥岩夹砂岩或盐岩，曼达瓦凹陷晚期局部发育潟湖相蒸发岩。下侏罗统整体为局限浅海相的大面积厚层泥岩。

2. 下侏罗统沉积—地球化学响应

数据资料表明，下侏罗统烃源岩有机地球化学指标 TOC、氢指数、S_1+S_2 值在坦桑尼亚盆地均有由北向南变高的趋势（图 4-11）。在坦桑尼亚盆地中由北向南依次取六口井分析，分别统计其 TOC、氢指数、S_1+S_2 值的分布范围，其平均值以南部最高，向北逐渐变低，但由北向南存在两个变低的次级变化。坦桑尼亚盆地由于早侏罗世由北向南的海侵过程，导致烃源岩的生烃潜力由北向南逐渐变好，越往南，环境越局限，水体交换能力越差，形成的烃源岩质量越好。

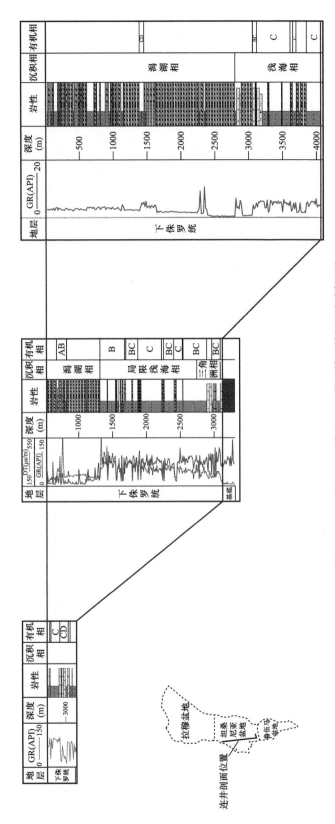

图 4-9　A-1 井、A-2 井和 A-3 井下侏罗统沉积相剖面图

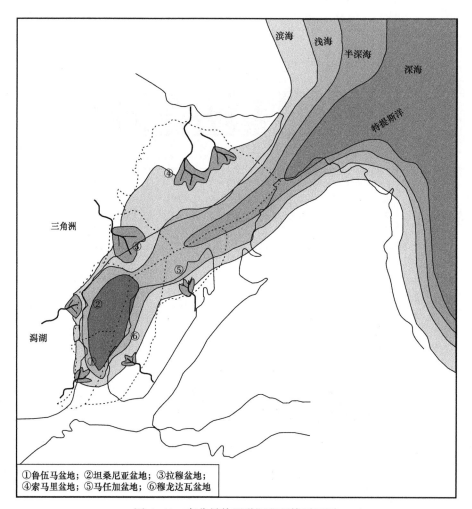

图 4-10　东非早侏罗世沉积环境平面图

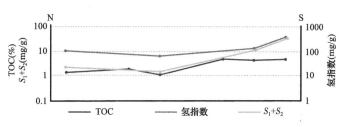

图 4-11　坦桑尼亚盆地地球化学指标分布趋势散点图

　　依据三口井的地球化学数据，对不同沉积相对应的 TOC、S_1+S_2、氢指数和生产指数（PI）等地球化学指标进行相关性分析。从相关性散点图中可以看出，三种沉积相的有机地球化学指标具有明显的分异性（图 4-12）。潟湖相的 TOC 含量为 2%～10%，S_1+S_2 为 10～93mg/g，氢指数为 400～1000mg/g，生产指数为 0.02～0.05；局限浅海相的 TOC 含量为 2%～11%，S_1+S_2 为 1.0～26mg/g，氢指数为 35～450mg/g，生产指数为 0.05～0.25；三角洲相的 TOC 含量为 1%～2%，S_1+S_2 为 1.4～4.5mg/g，氢指数为 100～300mg/g，生产指数为 0.07～0.14。其中，局限浅海相的 TOC 含量范围与潟湖相相近，而局限浅海相的生产指数高于潟湖相，但潟湖相的生烃潜量（S_1+S_2）和氢指数都比局限浅海相高；局限浅海相的生烃潜量、TOC含量、氢指数和生产指数均高于三角洲相，而潟湖相除了生产指数低于三角洲相外，其他三种指标均高于三角洲相。综上所述，潟湖相有机地球化学指标最好，局限浅海相次之，三角洲相最差。

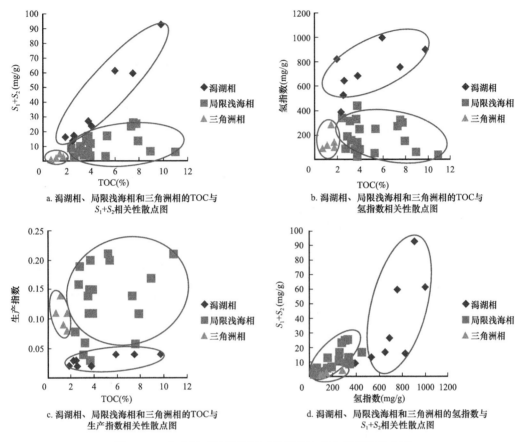

图4-12　东非被动陆缘盆地下侏罗统地球化学指标散点图

3. 下侏罗统烃源岩展布特征

由于资料有限，无法确定研究区下侏罗统烃源岩厚度，只能通过已探明油气田范围内下伏下侏罗统厚度与油气成藏可能性建立联系，对下侏罗统烃源岩厚度进行标定。由于厚度数据有限，厚度等值线图只能覆盖拉穆盆地的东南部、坦桑尼亚盆地的东部和鲁伍马盆地的东北部，已有资料表明，下侏罗统自东向盆地中部地层厚度逐渐增大。将盆地已探明油气藏（IHS，2018）区域与下侏罗统厚度等值线图叠加，对盆地内已探明油气藏区域内下伏下侏罗统厚度进行统计分析（图4-13），发现已探明油气田范围内下侏罗统厚度在800～1600m区域形成的油气藏数量最多。油气田范围内下侏罗统厚度分布表明，厚度达800m及以上的区域具有很好的生烃潜力，并具有形成多个商业油气藏的优势；厚度在400～800m时具有一定的商业油气藏潜力；厚度小于400m的区域可能不具有生烃潜力，推测可能不具备形成商业油气藏的能力。

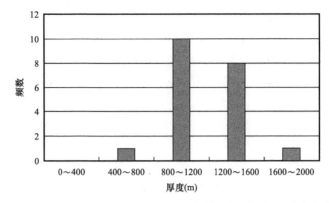

图 4-13　东非被动陆缘盆地探明油气田下伏下侏罗统厚度分布频率图

4. 有机相特征

1）TOC 预测

由于三个盆地下侏罗统有机地球化学指标数据资料有限，仅具有三口井的分析化验资料，且为不连续深度段的零散样品，为使测得的 TOC 数据具有更充分的代表性，还需要通过相应的手段方法获取钻井的连续 TOC 值。烃源岩发育层段的总有机碳（TOC）含量与地层孔隙中充填流体的物理性质的差异在测井曲线上有很好的响应特征，TOC 含量越高，其对应的测井曲线异常越明显，因此很多研究采用纵向连续的测井资料来对烃源岩的有机质丰度进行评价（许可，2016；田明智等，2019）。经过数据处理，依据地球化学分析和测井数据完整的 A-1 井资料，可建立该井 TOC 与测井声波时差、电阻率值的相关性散点图，由于样品点较少，仅有的数据显示 TOC 与测井声波时差、电阻率值均呈正相关关系（图 4-14、图 4-15）。

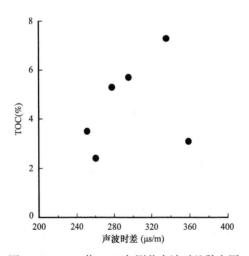
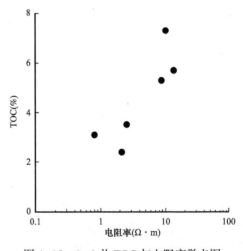

图 4-14　A-1 井 TOC 与测井声波时差散点图　　　图 4-15　A-1 井 TOC 与电阻率散点图

据 Passey 等（1990）提出的应用于碎屑岩或碳酸盐岩烃源岩 TOC 计算的 ΔlgR 法，将采用算术坐标的声波时差测井曲线和采用算术对数坐标的电阻率测井曲线与非烃源岩层段重叠之后，取两条曲线重叠度较高的一段曲线为基线，根据两条曲线的幅度差 $\Delta\lg R$ 来求烃源岩的总有机碳含量，计算公式为

$$\Delta\lg R=\lg\left(R/R_{基线}\right)+0.02\left(\Delta t-\Delta t_{基线}\right) \tag{4-1}$$

式中，$\Delta\lg R$ 对应两条曲线实测间距在电阻率对数坐标上的读数；R 为实测电阻率值，$\Omega\cdot m$；$R_{基线}$ 为非生油岩基线对应的电阻率值，$\Omega\cdot m$；Δt 为实测的声波时差值，$\mu s/ft$；$\Delta t_{基线}$ 为非生油岩基线对应的声波时差值，$\mu s/ft$。

TOC 含量与这两条测井曲线幅度差成正比，差值越大，TOC 含量越高，根据 $\Delta\lg R$ 定量计算 TOC 值的公式为

$$TOC=10^{\left(2.297-0.1688R_o\right)}\Delta\lg R \tag{4-2}$$

整个计算过程受多种因素影响，如基线的确定、岩层均质性、成熟度参数值等，计算结果可能存在误差，因此借鉴使用朱光有等（2003）优化后的公式为

$$TOC=C\cdot\Delta\lg R\text{（}R\text{ 为系数）} \tag{4-3}$$

在同一口井中，$R_{基线}$、$\Delta t_{基线}$ 值为固定的常数，因此式（4-3）可以简化为

$$TOC=m\cdot\lg R+n\cdot\Delta t+b_0 \tag{4-4}$$

式中，m、n 为拟合系数；b_0 为常数。

通过 A-1 井的实测 TOC 值与对应的电阻率值和声波时差值，用最小二乘法求解最终的计算公式的常数值，得出 A-1 井的 TOC 预测公式为

$$TOC=3.55\cdot\lg Rt+0.02\cdot DT-3.674 \tag{4-5}$$

$$R^2=0.926 \tag{4-6}$$

由于烃源岩通常具有非均质性，并且实际 TOC 测试数据有限，因此可适当结合测井数据资料对全井段的 TOC 进行预测。根据式（4-5）计算出的预测 TOC 值（表 4-1）与实测 TOC 值的相关系数高达 0.926（图 4-16），表明预测值与实测值吻合度较高，其结果可作为实测参数的补充。但由于分析样品有限，受分析样品数量和资料完整性的限制，该预测公式尚不能全区推广应用，仅可用于 A-1 井烃源岩分析和评价。

表 4-1 重点井不同井段实测 TOC 值与预测 TOC 值

深度（m）	TOC（%）	DT（μs/m）	Rt（Ω·m）	lgRt	预测 TOC（%）
1743.00	3.10	358.80	0.79	-0.10	3.13
2038.10	3.50	251.53	2.55	0.41	2.80
2127.40	2.40	260.54	2.15	0.33	2.71
2707.10	5.30	277.75	8.75	0.94	5.23
2733.00	7.30	335.27	10.27	1.01	6.62
2945.30	5.70	295.26	13.61	1.13	6.26

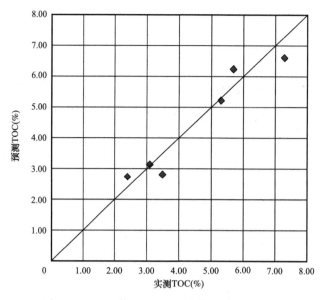

图 4-16　A-1 井预测 TOC 与实测 TOC 散点图

2）有机相的划分与特征

烃源岩的一系列评价指标如总有机碳含量、生烃潜量、氢指数、生产指数、有机质类型以及热成熟度 R_o 等，这些参数不仅可以反映其母质来源、保存条件、演化程度以及形成环境等，还可以用来划分沉积有机相（高福红等，2007）。目前有机相划分方案种类多样（张鹏飞，1997），既有基于干酪根生烃动力学的划分方案（Pepper et al.，1995），又有依据氢指数、TOC 值和有机质干酪根类型进行有机相划分的方案（姚素平等，2009）。本章采用 Jones（1987）的划分方案，根据下侏罗统 TOC 值、氢指数和环境的氧化还原性，同时结合干酪根类型对钻遇下侏罗统的几口井进行垂向有机相划分，划分依据见表 4-2。

表 4-2　不同有机相特征

氢指数（mg/g）	干酪根类型	TOC（%）	氧化还原性	沉积速率	有机相类型
≥850	Ⅰ	>5.0	厌氧	低	A
≥650	Ⅰ—Ⅱ	>3.0	厌氧—缺氧	多样	AB
≥400	Ⅱ	>3.0	厌氧—缺氧	多样	B
≥250	Ⅱ—Ⅲ	>3.0	厌氧—缺氧	高	BC
≥125	Ⅲ	≤3.0	氧化	高	C
50～125	Ⅲ—Ⅳ	<0.5	氧化	中	CD
≤50	Ⅳ	<0.5	高氧化	低	D

Kiwangwa-1 井整体 TOC 含量变化为 0.7%～1.7%，S_1+S_2 值范围为 0.69～4.38mg/g，氢指数范围在 48～285mg/g 之间；A-1 井中 TOC 含量整体范围为 1.9%～9.8%，S_1+S_2 值

范围为 3.53～92.58mg/g，氢指数值范围为 87～997mg/g；Mandawa-7 井中 TOC 含量变化为 0.6%～10.9%，S_1+S_2 值范围为 0.4～25.8mg/g，氢指数范围为 35～447mg/g。结合井段有机地球化学数据分布特征和有机相划分依据可知，A-1 井、Mandawa-7 井下侏罗统烃源岩为局限浅海相和潟湖相泥岩，有机相为 AB/BC—C 相，从下往上由弱氧化的 C 相过渡为厌氧的 AB/BC 相。Kiwangwa-1 井侏罗系为一套三角洲相砂泥岩沉积，下侏罗统为前三角洲亚相泥岩，有机相从下往上由弱氧化的 C 相过渡为缺氧的 BC 相；中—上侏罗统发育三角洲平原亚相泥岩沉积，有机相为氧化的 CD 相。

5. 地震响应特征

1）岩石地球物理分析

通过对三口重点井中泥岩、砂岩、盐岩、碳酸盐岩的密度和速度的统计分析，确定泥岩、砂岩、盐岩、碳酸盐岩的密度、层速度以及波阻抗特征，进而建立地震反射特征与岩性的联系。汇总了下侏罗统主要岩石类型的声波时差、速度、密度以及波阻抗等岩石地球物理特征，结果见表 4-3。

表 4-3　东非被动陆缘盆地下侏罗统岩石地球物理特征

岩性	声波时差（μs/m）	速度（m/s）	密度（kg/m³）	波阻抗 [（kg/m³）·（m/s）]
变质岩	170	5882	2750	1617.55×10^4
砂岩	225	4444	2620	1164.33×10^4
盐岩	230	4348	2070	900×10^4
泥岩	315	3175	2420	768.35×10^4
碳酸盐岩	200	5000	2650	1325×10^4

泥岩波阻抗较低，砂岩波阻抗中等，碳酸盐岩波阻抗高，盐岩波阻抗介于泥岩与砂岩之间。由于盐岩具有蠕动性，可能无明显的界面。若是呈层状的大套盐岩夹薄层泥岩则为强振幅反射，其连续性受盐岩蠕动性的影响；非层状的大套盐岩夹薄层泥岩则为丘状杂乱反射；大套泥岩夹薄层盐岩则为连续平行弱反射或空白反射。由于砂岩波阻抗比盐岩大，大套泥岩夹砂岩的反射强度比夹盐岩时更强，为连续或不连续中等—强反射。

2）烃源岩地震相特征及分布

由于三口钻遇下侏罗统的井附近无过井剖面，结合测井数据，对 A-1 井和 Kiwangwa-1 井进行正演模拟。A-1 井合成地震记录与实际地震剖面上其岩性对应的地震反射特征一致，下部大套泥岩夹薄层盐岩或砂岩为弱振幅地震反射特征，上部厚层盐岩夹薄层泥岩为强振幅反射；Kiwangwa-1 井下侏罗统前三角洲亚相砂岩、泥岩互层为中等—强振幅反射特征，与实际地震剖面特征一致。

基于以上认识，结合大致等间距的东西向四条地震剖面深入分析，借鉴使用 Wheeler 域转换技术，识别等时地震轴，分析地层沉积演化和相对海平面变化过程，进一步探讨下侏罗统优质烃源岩发育区的平面分布。

坦桑尼亚盆地北部剖面（T1）下侏罗统由西向东可以分为西部坳陷带、中部斜坡带及东部隆起带（图4-17）。下侏罗统西部坳陷带表现为不连续中等—强反射，向西又变成较连续中等—强振幅反射趋势，中部斜坡带为连续弱反射，局部为空白反射。Wheeler域转换剖面表明早侏罗世经历了海平面上升—下降过程。早期随着海平面上升，发生由西向东的海侵；晚期由于海平面下降，发生由东向西的海退过程，导致东部隆起带部分高部位出现沉积缺失。

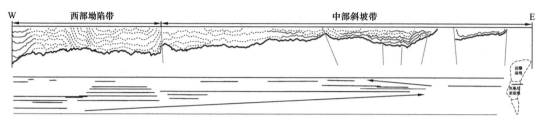

图4-17　T1地震及解释剖面

上部为下侏罗统顶界拉平地震剖面，中部为地震相解释剖面，实线为较连续强振幅反射，虚线为不连续中等—强反射（西部坳陷带）或连续弱反射（中部斜坡带），下部为Wheeler域转换剖面

坦桑尼亚盆地中部剖面（T2）下侏罗统由西向东可以分为西部坳陷带和中部斜坡带，东部隆起带地层逐渐尖灭，图4-18中未保留（图4-18）。西部坳陷带由下至上由较连续中等—强振幅反射变为连续弱振幅反射。东侧连续弱反射位于斜坡带，东部隆起带地层尖灭（该部分已截除）。其Wheeler域转换剖面表明早侏罗世经历了海平面早期上升后期下降过程。早期随着海平面上升，发生自盆地中部向东部的海侵；晚期由于海平面下降，发生由东部向盆地中部的海退过程，中部斜坡带部分位置处于构造高部位，导致该位置顶部出现沉积缺失。

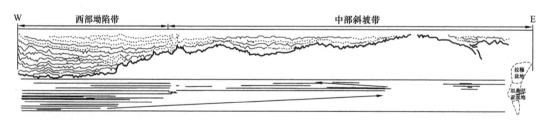

图4-18　T2地震及解释剖面

上部为下侏罗统顶界拉平地震剖面，中部为地震相解释剖面，实线为较连续中等—强振幅反射，虚线为连续弱反射，下部为Wheeler域转换剖面

坦桑尼亚盆地南部剖面（T3）下侏罗统自西向东可以分为西部坳陷带和中部斜坡带（东部隆起带已无下侏罗统发育）。西部坳陷带为较连续弱振幅反射，中部斜坡带由下往上，反射变强再变弱，连续性变好。

Wheeler域转换剖面表明早侏罗世随着海平面上升，海侵作用先对坳陷部位填平补齐，而后向中部斜坡带构造高部位和西侧陆架推进。早侏罗世末期相对海平面有所下降，导致局部构造高部位发生沉积缺失或地层剥蚀（图4-19）。

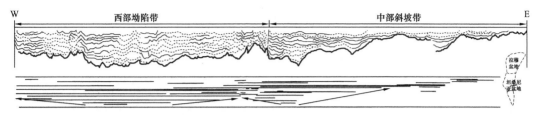

图 4-19　T3 地震及解释剖面

上部为下侏罗统顶界拉平地震剖面，中部为地震相解释剖面，实线为较连续中等—强振幅反射，虚线为连续弱反射，下部为 Wheeler 域转换剖面

坦桑尼亚盆地南部剖面（T4）下侏罗统由西向东可以分为西部坳陷带、中部斜坡带和东部隆起带（图 4-20）。西部坳陷带和中部斜坡带整体为一套连续性较好的地震反射波组，西部坳陷带以弱振幅反射为主，下部稍强，连续性整体较好，中部斜坡带为连续弱振幅反射，上部连续性好，下部较连续。东部隆起带断层较发育，地层厚度变化大且向东逐渐尖灭，反射特征不明显。Wheeler 域转换剖面表明早侏罗世随着海平面上升，发生向东、向西的海侵作用，晚期部分区域见海退沉积现象。中部斜坡带的构造高部位沉积缺失。

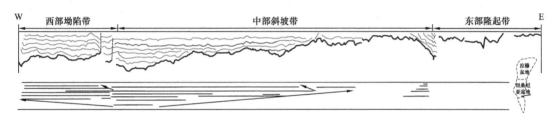

图 4-20　T4 地震及解释剖面

上部为下侏罗统顶界拉平地震剖面，中部为地震相解释剖面，实线为较连续中等—强振幅反射，虚线为连续弱反射，下部为 Wheeler 域转换剖面

通过以上分析，发现由北往南，连续弱振幅反射分布于西部坳陷带的上部和中部斜坡带（图 4-21），而坦桑尼亚盆地早侏罗世的西部坳陷带和中部斜坡带位于盆地中部深水区，说明以大段泥岩夹薄层砂岩或盐岩为特征的局限浅海相分布与地震反射特征、盆地构造分带大体一致。盆地中部深水区泥岩厚度大，有机地球化学指标好，生烃潜力大。

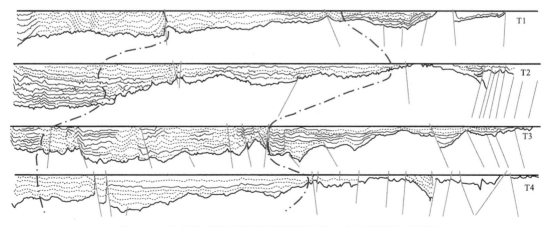

图 4-21　东非被动陆缘盆地下侏罗统地震响应特征剖面对比图

三、主力烃源岩主控因素与成因模式

1. 主控因素

研究区主力烃源岩为下侏罗统局限浅海相泥质烃源岩，为了预测全区的有利烃源岩发育区，需要建立主力烃源岩成因模式，而优质烃源岩成因模式的建立依赖于厘清其形成的影响因素。目前针对海相烃源岩生油论述较多的影响因素是大洋缺氧事件、大洋上升洋流及河流—海湾环境。

1）大洋缺氧事件

大洋缺氧事件（Oceanic Anoxic Events，OAE）是一种突发地质事件，它是指白垩纪古海洋中大洋底层水多次处于贫氧乃至缺氧状态，造成富有机质黑色页岩沉积，并广泛分布在各大洋盆中（Schlanger et al., 1976）。白垩纪曾经发生过6次大洋缺氧事件，即阿普特早期缺氧事件（OAE1a）、阿普特期—阿尔布期界线缺氧事件（OAE1b）、阿尔布晚期缺氧事件（OAE1c和OAE1d）、塞诺曼期—土伦期界线缺氧事件（OAE2）以及康尼亚克期—圣通期缺氧事件（OAE3；Arthur等，1988），其中OAE1a（Selli大洋缺氧事件）和OAE2（Weissert大洋缺氧事件）被广泛认为是全球性的，其他都是局部性的。大洋缺氧事件导致黑色页岩发育，其沉积环境变化多样，可以是深海盆地、大陆斜坡、大陆架、海底高原和陆表海；导致有机质类型多样，既有海洋藻类体等有机质，也有陆源高等植物碎屑，以及海洋和陆源两类有机质的混合。

大洋缺氧事件导致形成的富有机质黑色页岩具有较高的有机质丰度、干酪根类型和良好的生烃潜力。世界上一些重要油田（中东地区、墨西哥湾和南大西洋被动大陆边缘含油气盆地）与黑色页岩有着密切关系。据统计，中—新生界的大多数重要油田的烃源岩形成于阿尔布期—康尼亚克期和阿普特期—土伦期（Irving et al., 1974），由大洋缺氧事件引发的黑色页岩沉积事件可能与此有较大的关系。

Sachse等（2012）研究发现，西北非摩洛哥塔尔法亚盆地上白垩统土伦阶—圣通阶黑色页岩有机质类型以 I 型干酪根为主，氢指数很高，为400～900mg/g。Pr/Ph值整体小于1.0，表明沉积于缺氧环境，C_{27} 甾烷相对于 C_{28} 和 C_{29} 甾烷占绝对优势，并且显微组分以藻类体和层状藻类体为主，常见有孔虫类，很少见到反映陆源有机质输入的惰质组和镜质组。Katz等（2003）利用全球大洋科学钻探（DSDP和ODP）资料对全球大洋中广泛分布的富有机质海相黑色页岩进行了研究，统计了 ODP Legs 101-195 中超过 20000 个岩心样品的 TOC 数据，大约 22% 样品的 TOC 值至少大于 1%，四种干酪根类型皆存在（图 4-22）。其中，西非被动大陆边缘安哥拉盆地内 ODP 530 站点钻遇的康尼亚克阶黑色页岩有机质丰度最大达到 3.35%，干酪根类型为 II 型，碳同位素分布范围为 −27.5‰～−23.7‰，平均值为 −25.9‰，表明主要为陆源有机质来源。科特迪瓦盆地 DSDP 959 站点钻遇的上白垩统层段厚度达 150m，有机质丰度高达 5.4%，S_1+S_2 超过 4.0mg/g，黑色页岩有机质以 II 型干酪根为主，其次是 III 型干酪根。

西非大陆边缘塔尔法亚盆地、科特迪瓦盆地和安哥拉盆地晚白垩世同期沉积的富有机质黑色页岩见于下刚果盆地上白垩统塞诺曼阶—土伦阶 Iabe 组海相烃源岩中，其有机质丰度最高达 4.96%，平均值为 3.06%，氢指数最高达 701mg/g，干酪根类型主要为Ⅱ型。$\delta^{13}C_{饱和烃}$介于 $-31.5‰\sim-28.6‰$，$\delta^{13}C_{芳香烃}$分布在 $-29.5‰\sim-28.7‰$ 之间，碳同位素具有明显的负偏移，碳同位素负偏移是大洋缺氧事件形成的黑色页岩所具有的典型特征。奥利烷指数小于 0.05，反映了陆源有机质贡献小，以海洋水生生物为主。Pr/Ph 值小于 1.5，反映了沉积水体的还原性，沉积环境为缺氧的半深海—深海环境。大洋缺氧事件影响到西非大陆边缘多个盆地，因此，有学者推测在晚白垩世下刚果盆地海相烃源岩的发育同样受到白垩纪大洋缺氧事件的影响。尼日尔三角洲盆地和里奥穆尼盆地上白垩统海相烃源岩也可能受到大洋缺氧事件的影响。大洋缺氧事件一方面导致海洋生物的死亡，为黑色页岩的沉积提供充足的有机质来源；另一方面，大洋缺氧导致水体呈还原环境，有利于有机质的保存。多期大洋缺氧事件导致西非中段被动大陆边缘盆地在白垩纪沉积多套富有机质黑色页岩，构成盆地内潜在的海相烃源岩。

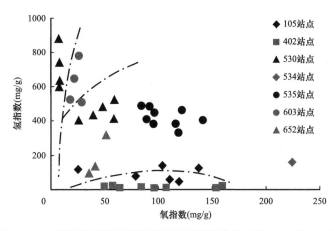

图 4-22　大洋科学钻遇的黑色页岩中干酪根类型（据 Katz 等，1988）

2）上升洋流

现代海洋学研究表明，上升洋流是全球大洋活动中相当重要的一种方式。上升洋流是将底层较高密度的水体带入低密度水层中的现象。大多数人认为上升洋流水体富含营养元素，如 PO_4^{3-}、NO_3^-、H_4SiO_4，以及低温、低盐度特征。海岸上升洋流对地质学家来说最为熟悉。沿赤道地区，可以肯定是存在上升洋流的，在西非大陆边缘海域北纬 15°～30° 地区有利于形成上升洋流。上升洋流的形成通常与气候带相关（Parrish et al., 1982）。海岸上升洋流对烃源岩的发育具有重要影响。

海岸地区，上升洋流的活跃为表层水体带来富营养元素（P、N、S、Fe 等），富营养元素的水体为表层浮游生物提供丰富的营养物质，导致海洋生物大量生长和繁殖。表层海洋生物勃发，为中层水体中游泳生物带来大量的食物，而中层水体生物又为底层水体生物提供食物。同时，生物的大量勃发会导致海洋水体缺氧，海洋生物死亡后遗体沉积在海底，形成富有机质的沉积物。在开阔海洋和大陆边缘地区，上升洋流作用非常显著。开阔海洋中，上升洋流通常是表层水体营养元素的主要来源，在海岸地区上升洋流起着重要作用，但是河流对其提供的营养元素显得更为重要。开阔海洋中，由于上升洋流作用形成的有机质总生产力为 5.8×10^{12}kg/a，赤道地区大约 3.1×10^{12}kg/a（Romankevich，1984）；大陆边缘地区，如西南非海岸上升洋流导致的生产力约为 0.2×10^{12}kg/a，全球有五个类似地区。因此，海岸上升洋流导致的有机质生产力估计大约为 1.0×10^{12}kg/a。下刚果盆地正位于西非大陆边缘，现代海洋学研究表明，西非中段大陆边缘南大西洋海域受到本格拉寒流和几内亚暖流的共同作用，可能到该地区形成上升洋流，从而影响盆地内富有机质的沉积。

大陆边缘上升洋流作用产生的生产力虽然只占海洋高生产力的20%，但是其对沉积物中有机碳的埋藏却起着相当重要的作用（Romankevich，1984）。细粒沉积物沉积在大陆边缘，特别在斜坡上部和受最小含氧层影响的海底。受上升洋流作用形成的沉积物在地质记录中证据很多，包括：（1）暖水生物与冷水生物混生，浮游生物与底栖生物混生；（2）高密度的特殊介壳类及管蠕虫；（3）特殊的矿物—岩石组合，如碳—硅泥岩组合、碳—硅—磷泥岩组合；（4）特殊的沉积演化序列，如硅质岩→磷质岩→金属硫化物富集层→黑色页岩→石煤层→重晶石结核层→碳酸盐岩的垂向沉积演化；（5）暗色细粒沉积中富含多金属元素或层控多金属矿床；（6）深水高有机质丰度暗色细粒沉积中见斜层理；（7）稳定碳、氧同位素分析所获得的较高或很高的古水温证据。

在下刚果盆地 Landana 组和 Iabe 组烃源岩中发现大量的鱼类化石、磷酸盐物质和各种有孔虫类，从古生物学上的特征说明该套烃源岩可能受到了马斯特里赫特期—始新世上升洋流作用强烈的影响，在半深海—深海最小含氧区环境中，有机质沉积于大陆边缘外陆架和斜坡，发育富有机质沉积。同样，Cole 等（2000）认为下刚果盆地盐上上白垩统海相烃源岩的形成可能受到上升洋流或大洋缺氧事件（OAE）共同作用的影响，其地球化学特征也反映了沉积物形成时的海洋生源属性和缺氧的还原性水体条件。

3）河流—海湾环境

邓运华（2018）通过对全球主要海相含油盆地研究后，提出板块伸展运动背景下形成的海湾是优质海相烃源岩发育的场所，并且认为河流是藻类生长的主要营养物质来源，其原因如下。

首先，主要海相含油盆地烃源岩形成时沉积环境为海湾，世界上主要海相含油盆地主力烃源岩形成时，其盆地位于大陆边缘，盆地周边主要是陆地，只有较窄处与大洋相连，呈海湾形态；周边陆地发育的河流在海湾内入海，海湾与大洋中脊相距很遥远，大洋上升流到达不了海湾；生物生长的营养物质主要来自陆上的河流；在远离陆地的弧前盆地，几乎都不富集石油，而靠近陆地的弧后盆地多数富集石油。如中东地区的波斯湾盆地，其主力烃源岩形成时为被动大陆边缘盆地，盆地西部是非洲—沙特古陆，东面和北面是土耳其—扎格罗斯褶皱带，褶皱带将盆地与印度洋隔开，在西南部和西北部盆地与大洋连通，盆地是北西向的海湾（图4-23）。俄罗斯境内的西西伯利亚盆地主力油源岩是上侏罗统巴热诺夫（Bazhenov）组泥页岩，在此套泥页岩沉积期，盆地东面、南面和西面均为陆地，只有北部与南阿纽伊洋相连，是一个典型的海湾（图4-24）。北美洲南部

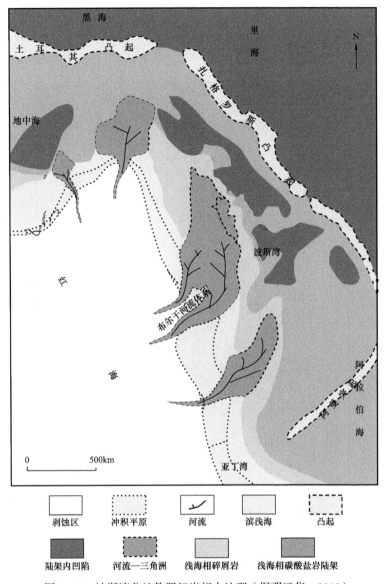

图中图例：

剥蚀区	冲积平原	河流	滨浅海	凸起
陆架内凹陷	河流—三角洲	浅海相碎屑岩	浅海相碳酸盐岩陆架	

图 4-23　波斯湾盆地侏罗纪岩相古地理（据邓运华，2018）

的墨西哥湾盆地主力烃源岩是上侏罗统提塘阶泥页岩，此时的古地理格局与现今有很大的相似性，盆地的北部是北美大陆广大的剥蚀区，西部有多个岛和半岛，南部是南美古陆，只有东部 1 个较窄的水道连接着盆地与大西洋（图 4-25）。欧洲西北部的北海盆地上侏罗统钦莫利阶泥页岩是盆地最重要的烃源岩，其在侏罗纪强裂陷期为三叉裂谷，中央地堑、维京地堑和默里湾地堑是 3 个狭长的海湾（图 4-26）。安哥拉—巴西的中大西洋盆地在晚白垩世—始新世沉积了一套海相烃源岩。在中白垩世，非洲与南美洲大陆裂开，中大西洋开始形成，中大西洋盆地东、西两面是非洲大陆和南美洲大陆，盆地南界是 Walvis 海岭，此海岭如一个"水库大坝"，将大西洋分成两段，北段是一个狭长的海湾（图 4-27）；志留纪冈瓦纳大陆和劳亚大陆外侧的古大洋可称为开阔大洋，两大陆之间的古特提斯洋也可称为海湾，对应的热页岩均位于冈瓦纳大陆北边、劳亚大陆南边（图4-28）；中国西南部的四川盆地早古生代所在的上扬子地区是一个大海湾（图4-29），在海湾的北部、西部、南部是古陆（或古隆起），只有东部与秦岭洋相连。

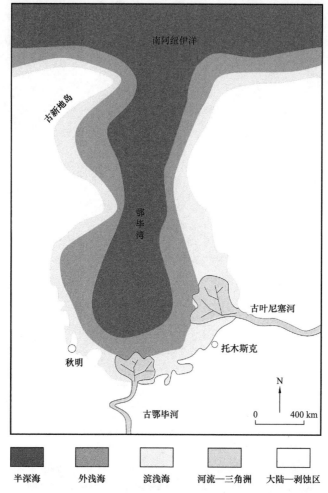

图 4-24　西西伯利亚盆地晚侏罗世巴热诺夫组沉积期岩相古地理（据邓运华，2018）

其次，河流—海湾有利于现代水生生物生长，如赤潮频发的渤海湾、东海的长江和钱塘江入海口，海水中溶解的无机氮、磷酸盐、硅酸盐明显较高，离河口越远含量变低（图4-30），这些无机氮、磷酸盐、硅酸盐来源于长江和钱塘江，而东海的赤潮分布区与营养盐高值区重叠。由此可以说明，水生生物的生长主要取决于河流带来的营养物质。

最后，河流—海湾符合海相烃源岩的形成条件。海相烃源岩主要形成于大陆边缘海湾环境，陆地上发育的河流经过风化剥蚀区，溶解了磷、钾、铁等矿物质，汇入海湾。海湾是河流有利的入海口，河流是海湾内水生生物生长的主要营养来源。海湾三面被陆地环绕，只有一处与大洋相连，海水的交流、置换受阻，保持了海湾营养物质的高浓度，这就保证了水生生物的长期繁殖。海湾里风浪相对较小，有利于海底有机质保存，所以海湾是海相烃源岩形成最有利的环境，河流—海湾体系是海相石油主要的分布场所。

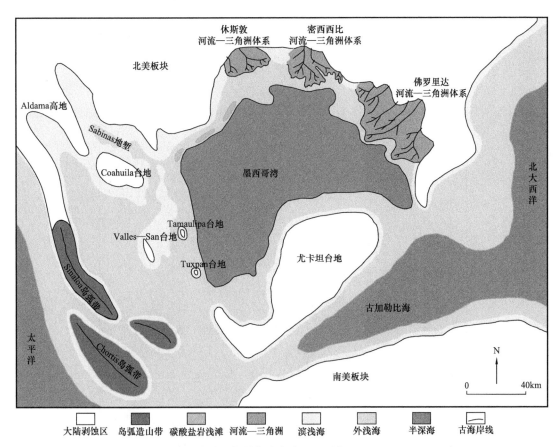

图 4-25　墨西哥湾盆地提塘期岩相古地理（据 Jacques et al., 2002）

图例：大陆剥蚀区　岛弧造山带　碳酸盐岩浅滩　河流—三角洲　滨浅海　外浅海　半深海　古海岸线

2. 成因模式

大洋缺氧事件作为全球性气候事件，与烃源岩分布的局限性仍存在一定的矛盾。东非陆缘盆地群形成初期，马达加斯加—印度板块与非洲板块分离，形成了一个北东向狭长的海湾，特殊的地形让上升洋流难以惠及此处，据此本书认为东非被动陆缘盆地海相烃源岩平面分布主要受控于板块伸展背景下的海湾环境，其垂向上与海平面的升降也有关系。由于早侏罗世东非海岸呈"V"形由北向南拉开，海水由北向南入侵，海平面上升，后期海水逐渐稳定且有小幅度下降，水体环境由早期弱氧化变为晚期弱还原环境，早期主要形成厚层泥岩夹薄层盐岩或砂岩，先对凹陷部位进行填平补齐，以弱氧化的 C/CD 有机相为特征，有机质指标较低；后期海侵减弱水体稳定且有小幅度下降，主要形成厚层盐岩夹薄层泥岩，泥岩厚度逐渐减小，以弱还原的 AB 有机相为特征，有机质指标较好。在平面上，西部陆地与东部隆起共同构成一个狭长的闭塞海湾，由北向南由氧化到弱氧化逐渐变为还原环境，水体交换能力变差，还原性增强，有机地球化学指标变好。拉穆盆地接近开阔浅海环境，水体交换能力强，地球化学指标差，向南至鲁伍马盆地沉积环境愈发局限闭塞，地球化学指标好；东西向上，水深由中部向东西侧逐渐变浅，岩性由泥岩夹砂岩或盐岩变为砂、泥岩互层，泥岩厚度变小；曼达瓦凹陷以盐岩为主夹泥

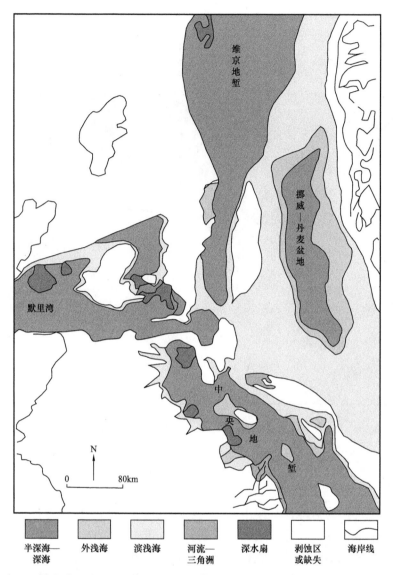

維京地堑

挪威—丹麦盆地

默里湾

中央地堑

N

0   80km

| 半深海—深海 | 外浅海 | 滨浅海 | 河流—三角洲 | 深水扇 | 剥蚀区或缺失 | 海岸线 |

图 4-26　北海盆地侏罗纪钦莫利期—早白垩世瓦兰今期沉积相（据邓运华，2018）

岩，地球化学指标较盆地中部好，但泥岩发育受到制约。因此，东非被动陆缘盆地烃源岩的发育与展布受构造运动与沉积环境影响。

　　由于东非海岸自拉穆盆地开始由北向南呈"V"形拉开，海水入侵，在东非海岸形成南北向长条形海湾，由拉穆盆地的浅海环境逐渐向坦桑尼亚盆地与鲁伍马盆地的局限海环境过渡。坦桑尼亚盆地与鲁伍马盆地中部水体较深，为缺氧—弱氧化环境，主要发育局限浅海相厚层泥岩夹薄层砂岩或盐岩；坦桑尼亚盆地南部往近岸一侧水深变浅，为缺氧蒸发环境，发育潟湖相厚层盐岩夹薄层泥岩。三个盆地西部近岸发育滨海与冲积平原，坦桑尼亚盆地东部与拉穆盆地东南部发育水下浅滩，均发育砂泥岩互层沉积，没有生烃潜力。由于有丰富的物源供应，在三个盆地的西部斜坡上均发育有三角洲，发育泥岩夹砂岩。由于海水由北向南入侵，水体交换能力逐渐变差，还原性增强，沉积地层中地球化学指标逐渐变好，烃源岩生烃潜力变好；由中部深水区向东西两侧水体变浅，局限海环境的还原性也逐渐减弱，地球化学指标变好，但岩性由泥岩为主变成砂岩、泥岩互层或盐岩为主，泥岩厚度变小，生烃潜力变差，因此存在三种烃源岩成因模式（图4-31）。

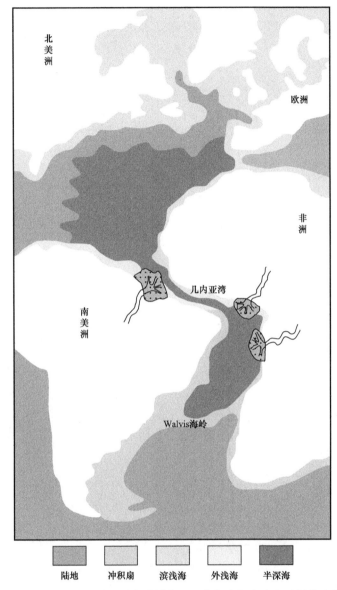

陆地　冲积扇　滨浅海　外浅海　半深海

图4-27　中大西洋盆地晚白垩世塞诺曼期—土伦期岩相古地理（据邓运华，2018）

（1）局限浅海沉积型：研究区优质烃源岩的主要成因类型，岩性以稳定分布的厚层泥岩为主间夹薄层砂岩。总体评价为好烃源岩，南部以缺氧环境为主，TOC含量为4.36%～4.71%，氢指数为178～526mg/g，S_1+S_2为10.45～29.64mg/g；北部变为缺氧—弱氧化环境，TOC值为1.14%～1.93%，氢指数为80.45～129.5mg/g，S_1+S_2为1.37～2.07mg/g。

（2）潟湖沉积型：岩性以大套盐岩为主夹薄层泥岩，TOC含量为2%～10%，氢指数为400～1000mg/g，S_1+S_2为10～93mg/g，指示干旱蒸发条件下的缺氧—厌氧环境。

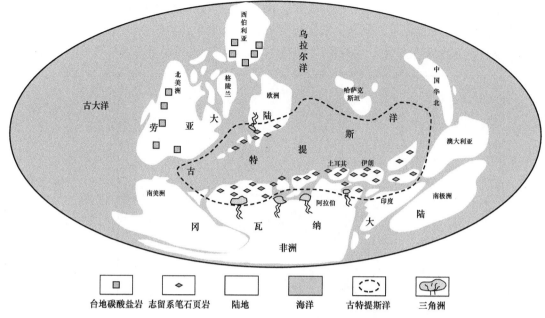

图 4-28　早志留世全球笔石页岩分布（据邓运华，2018）

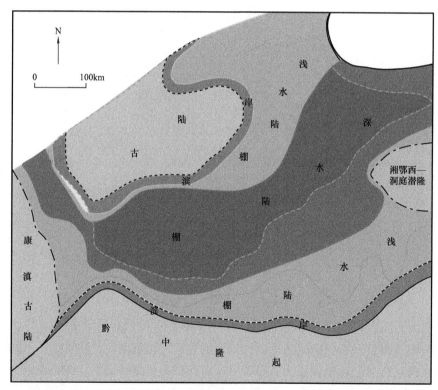

图 4-29　四川盆地及周缘志留系沉积相（据邓运华，2018）

（3）局限滨海与三角洲沉积型：岩性以砂岩、泥岩互层为主，TOC 含量为 0.7%～1.7%，氢指数为 100～300mg/g，S_1+S_2 为 1.4～4.5mg/g，弱氧化环境。

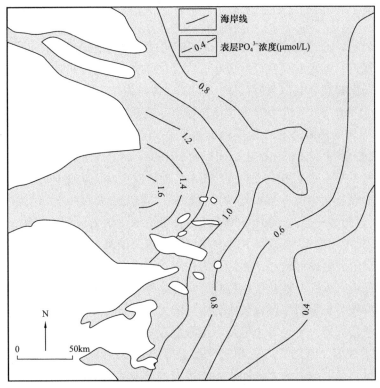

图 4-30　东海赤潮高发区营养盐分布（据张传松等，2007）

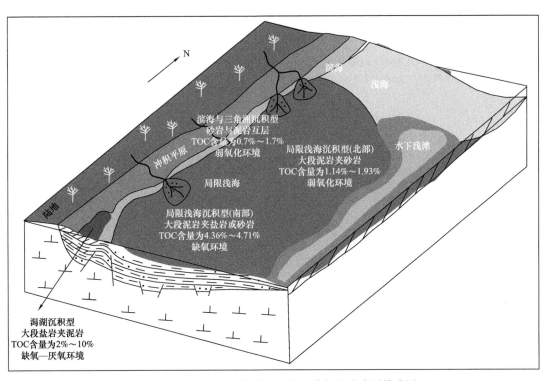

图 4-31　东非被动陆缘盆地下侏罗统烃源岩成因模式图

四、主力烃源岩评价与预测

根据以上分析，通过建立沉积相、地震相与生烃潜力之间的关系，可以对东非海岸生烃区进行评价优选，确定有利生烃区分布。大套泥岩夹薄层盐岩的局限浅海相在地震剖面上反映为连续弱振幅甚至空白反射特征，其TOC含量为2%～11%，S_1+S_2为1.0～26mg/g，氢指数为35～450mg/g，有机地球化学指标较好，有机相为弱氧化—缺氧的BC/C相。大套盐岩夹薄层泥岩的局限海相在地震剖面上反映为差连续强振幅或杂乱丘状强振幅的反射特征，其TOC含量为2%～10%，S_1+S_2为10～93mg/g，氢指数为400～1000mg/g，有机地球化学指标最好，有机相为贫氧的AB/BC相。以大套泥岩夹薄层砂岩、煤层为主的三角洲相表现为较连续中等—强振幅的反射特征，其TOC含量一般为1%～2%，S_1+S_2为1.4～4.5mg/g，氢指数一般为100～300mg/g，有机地球化学指标相对较差，有机相属于弱氧化—缺氧的BC/C相。以盐岩为主的潟湖相为厌氧—缺氧环境沉积，地球化学指标相对最好，但其发育的泥岩厚度较小，生烃潜力中等；以大套泥岩夹薄层盐岩为特征的局限浅海相为弱氧化环境沉积，地球化学指标较好且泥岩厚度大，体积大，生烃潜力大；三角洲相地球化学指标较差且泥岩厚度也较小，生烃潜力较差。拉穆盆地的浅海环境开阔，发育的泥岩地球化学指标差，生烃潜力也差。坦桑尼亚盆地与鲁伍马盆地深水中心区域的下部泥岩段生烃潜力较好，近陆方向的相对浅水上部盐岩段地球化学指标好但不具备生烃潜力，即早侏罗世初期以泥岩为主的深水中心区域的局限浅海沉积生烃潜力好，有利生烃区带即为局限浅海相深水区的中心区域。结合以上烃源岩发育控制因素与成因模式分析，可根据沉积相特征、地震相特征、有机相特征及有机地球化学指标来确定东非海岸坦桑尼亚盆地生烃区平面分布划分标准（表4-4）。

表4-4 坦桑尼亚盆地下侏罗统生烃区平面分布划分标准

沉积相	岩相	地震相	有机相	有机质指标			地层厚度（m）	生烃区级别
				TOC（%）	S_1+S_2（mg/g）	氢指数（mg/g）		
局限浅海相	大套泥岩夹薄层盐岩或砂岩	连续弱振幅	BC/C相	2～11	1.0～26	35～450	≥800	Ⅰ
							400～800	Ⅱ
潟湖相	大套盐岩夹薄层泥岩	差连续强振幅	AB/BC相	2～10	10～93	400～1000	≥400	
三角洲相	大套泥岩夹薄层砂岩、煤层	较连续中等—强振幅	BC/C相	1～2	1.4～4.5	100～300	≥400	Ⅲ

局限浅海相为弱氧化环境沉积，地球化学指标较好且泥岩厚度大，横向分布稳定，生烃潜力大，其地层厚度大于800m的区域为Ⅰ级生烃区，地层厚度在400～800m之间的区域为Ⅱ级生烃区。潟湖相为厌氧—缺氧环境沉积，地球化学指标相对最好，但其发

育的泥岩厚度较小，其地层厚度达 800m 时由于发育的地层中泥岩厚度仍较小，生烃潜力仍然受到限制，因此其地层厚度在 400m 以上的区域均为 II 级生烃区。三角洲相以及拉穆盆地浅海相，由于其有机地球化学指标相对较差，地层厚度在 800m 以上时生烃潜力亦有限，因此均属于 III 级生烃区。拉穆盆地中局限浅海相仍有发育并转向北东方向延伸，根据构造—沉积框架对生油岩发育的控制作用进行分析，该区早侏罗世水体交换作用较强，生油岩品质较坦桑尼亚盆地中北部可能变差但具有生烃能力。

按照评价标准，下侏罗统厚度在 800m 以上的局限浅海相分布区仍评价为 I 级生烃区。三种级别的烃源岩平面分布区如图 4-32 所示。由于下侏罗统厚度数据有限，其中潟湖相发育位置没有相应的地层厚度数据，因此暂不圈定该位置生烃区级别。鲁伍马盆地、坦桑尼亚盆地和拉穆盆地最有潜力的优质烃源岩分布于盆地中部局限浅海相深水区的中心区域。

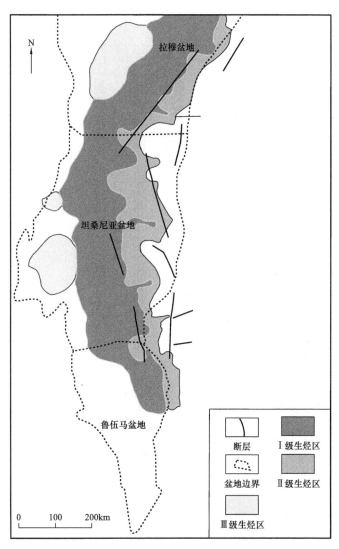

图 4-32　东非被动陆缘盆地有利生烃区分布与评价图

第二节　盆地储盖特征及储盖组合

一、鲁伍马盆地

研究区发育 3 套储盖组合，即白垩系储盖组合、古新统—始新统储盖组合和渐新统—中新统储盖组合，各储盖组合均已被勘探所证实（图 4-33）。其中白垩系、古近系和中新统砂岩储层主要为深海水道和朵叶体砂岩，由其上覆泥岩作为盖层，储层厚度为 23～212m，平均为 102m，孔隙度为 13%～30%，平均为 19%，渗透率为 5～1000mD，平均为 512mD（表 4-5）。渐新世研究区处于东非裂谷发育活跃期，物源充足，海底扇储层尤为发育，该套储层埋深为 2245～5000m，物性条件优良，孔隙度为 11%～23.5%，渗透率为 7～1000mD，钻井揭示为块状砂岩，储盖组合好。

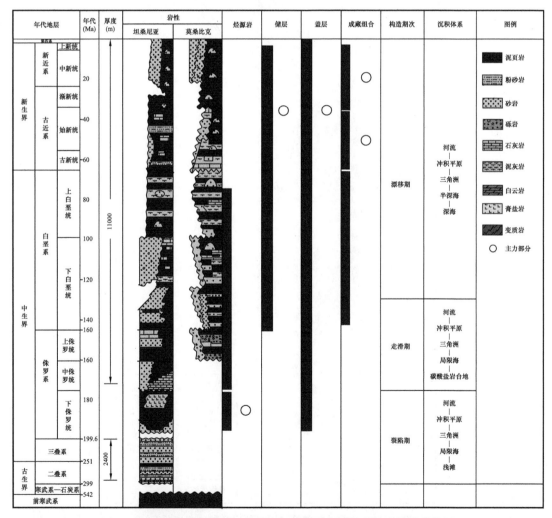

图 4-33　鲁伍马盆地地层、构造、沉积体系与生储盖组合综合柱状图

表 4-5　鲁伍马盆地气田储层参数表

井位或气田	层位	岩性	沉积类型	厚度（m）	孔隙度（%）	渗透率（mD）
Orca-1	古新统	砂岩	深水	80	14	40
Agulha-1	古新统	砂岩	深水	160	20	
Tubarao-1	始新统	砂岩	深水	34	15	
Coral	始新统	砂岩	深水	140	25	1000
Golfinho—Atum	渐新统	砂岩	深水	172	18	
Mamba Complex	渐新统	砂岩	深水	212	25	1000

二、坦桑尼亚盆地

坦桑尼亚盆地发育两套储盖组合，即白垩系储盖组合和古近系储盖组合（图 4-34）。

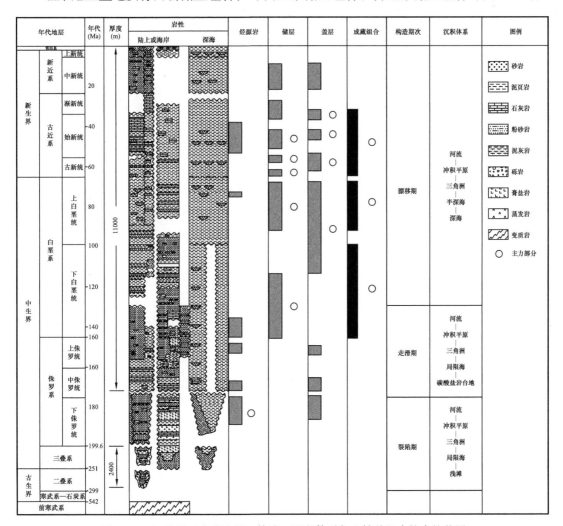

图 4-34　坦桑尼亚盆地地层、构造、沉积体系与生储盖组合综合柱状图

白垩系储盖组合包含下白垩统储盖组合和上白垩统储盖组合。下白垩统储盖组合以Kipatimu三角洲平原—前缘亚相砂岩作为储层、上覆Makonde海相泥岩作为盖层，其厚度为160～290m，孔隙度为10%～30%。上白垩统储盖组合以上白垩统深水水道—朵叶体砂岩为储层，以上覆海相泥岩为盖层，其厚度为90～500m，孔隙度为20%～42%（表4-6）。其中，海域Zafarani等气田以海底扇相砂岩为储层，上覆泥岩作为盖层（上白垩统储盖组合），储层物性较好。而古近系储盖组合已被坦桑尼亚盆地南部超深水区Jodari、Chewa和Pweza等多个气田所证实，以深海水道和朵叶体砂岩为储层，以其上覆泥岩为盖层。

表 4-6　坦桑尼亚盆地油气田储层物性表

井位或气田	层位	岩性	沉积类型	厚度（m）	孔隙度（%）	渗透率（mD）
Kamba-1ST	上白垩统	砂岩	深水	140		
Mafia Deep-1ST1	上白垩统	砂岩	大陆坡	500		
Papa-1	上白垩统	砂岩	大陆坡	89		
Mkuranga-1	上白垩统	砂岩			20	182～1325
Kisarawe-1	上白垩统	砂岩			37	
Ruaruke North-1	上白垩统	砂岩			21～42	
Kipatimu	下白垩统	砂岩	浅海		10～30	40
Taachui-1ST	下白垩统	砂岩	大陆坡	289		
Zafarani-1	下白垩统	砂岩	大陆坡	160	25	
Palma Embayment	下白垩统	砂岩	浅海		32.2	1000
Barquentine-1	古新统	砂岩		33	13	
Mnazi Bay-1	渐新统	砂岩			15～30	5～10
Jodari-1	始新统	砂岩	大陆坡	230	21	
Mzia-1	上白垩统	砂岩		105	23.7	168

第三节　典型圈闭特征

一、圈闭类型与分布

在东非被动陆缘盆地，由于盆地形成与演化历史复杂，从而导致圈闭类型复杂。针对东非被动陆缘盆地复杂地质条件的客观背景，参考国内外圈闭的划分方案，根据圈闭的成因机制和构造形态特征，将东非被动陆缘盆地圈闭类型划分为两大类五小类（表4-7）。

表 4-7　东非被动陆缘盆地圈闭类型划分表

圈闭类型		圈闭样式
类	亚类	
地层圈闭	砂岩透镜体	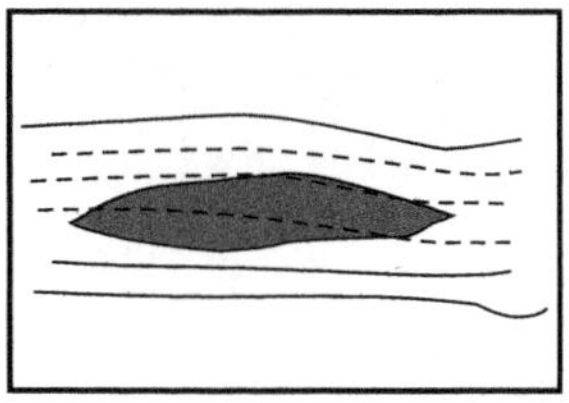
	砂岩上倾尖灭	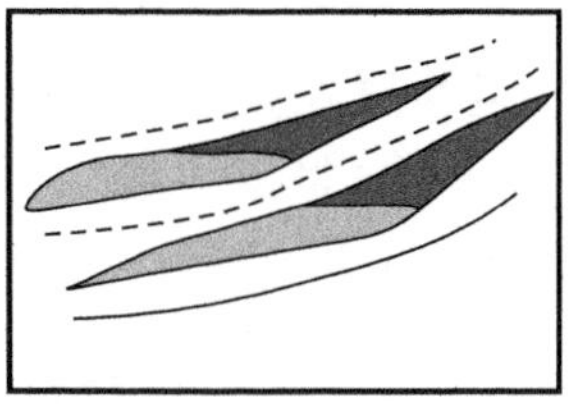
构造圈闭	断背斜	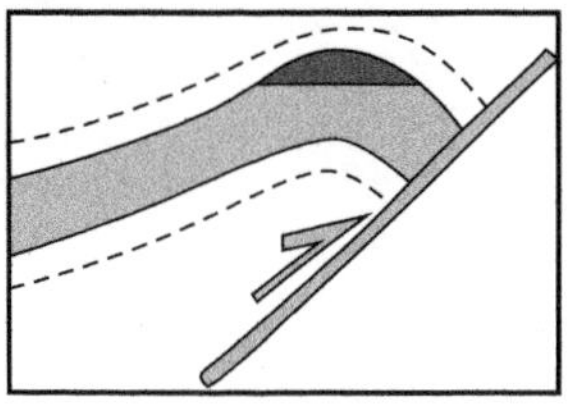
	断块	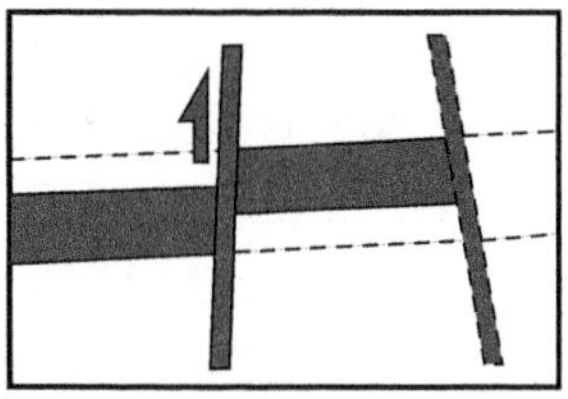
	断鼻	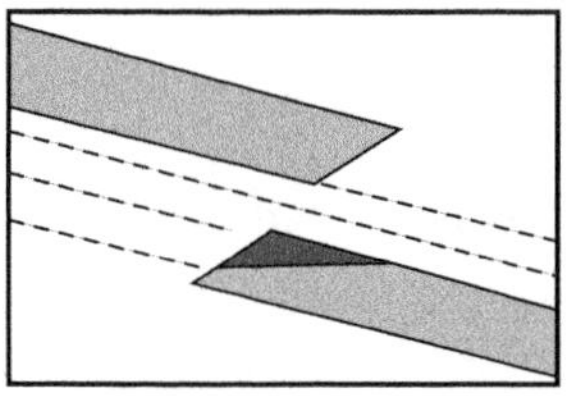

　　东非被动陆缘盆地已发现气田的圈闭类型包括构造圈闭和地层圈闭。其中,构造圈闭以断背斜圈闭、断块圈闭和断鼻圈闭等类型为主,地层圈闭以砂岩透镜体圈闭和砂岩上倾尖灭圈闭为主。

　　东非被动陆缘盆地发育了多种类型的圈闭,其形成、演化与盆地的发展演化息息相关,其分布特征在平面上具有较好的分带性,在层位上具有较好的分层性。

　　鲁伍马盆地已发现气田的圈闭平面上大部分位于盆地斜坡区 Kerimbas 凹陷西侧斜坡带上。圈闭类型以地层圈闭为主,占整体的 77%,主要发育在古近系;以构造圈闭为辅,占整体的 23%,多发育在渐新统(图 4-35、图 4-36)。

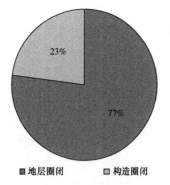

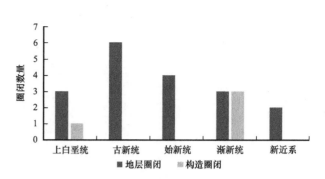

图 4-35 鲁伍马盆地圈闭类型饼状图　　　　图 4-36 鲁伍马盆地圈闭统计柱状图

坦桑尼亚盆地已发现气田平面上大部分位于盆地斜坡区 Seagap 走滑断裂带附近（图 4-37），圈闭类型以构造圈闭为主（占比为 79%），地层圈闭为辅（占比为 21%）。其地层圈闭主要发育在白垩系，而构造圈闭多发育在白垩系和古近系（图 4-38）。

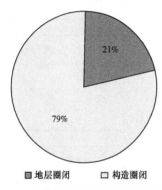

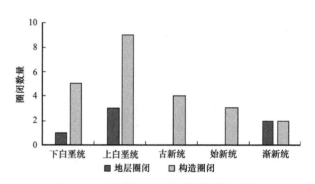

图 4-37 坦桑尼亚盆地圈闭类型饼状图　　　　图 4-38 坦桑尼亚盆地圈闭统计柱状图

二、典型圈闭发育史

1. 构造圈闭

Papa-1 气田位于 Seagap 走滑断层东侧坳陷带，以海底扇砂岩为储层，以上覆泥岩为盖层，受 Seagap 走滑断层活动影响，主要在上白垩统发育断背斜构造圈闭。晚白垩世，随着河流水系大量物源的供给和海平面上升，盆地发育海底扇，砂体发育，同时 Seagap 断层及次级断层剧烈活动，并形成了持续性基底隆起，圈闭于晚白垩世基本发育成型。

Seagap 走滑断层的主要活动时期为晚白垩世和古新世，晚白垩世活动范围为坦桑尼亚南部，古新世主要活动范围为坦桑尼亚南部和北部（图 4-39），气田分布区与 Seagap 断层的剧烈活动位置一致。

2. 地层圈闭

Jodari-1 气田位于 Kerimbas 凹陷和 Seagap 构造带之间的斜坡带。渐新世，河流水系大量物源的供给和海平面持续下降，鲁伍马盆地发育三角洲—深海水道—海底扇沉积体系。受沉积砂体、Seagap 构造带的持续性基底隆升和 Kerimbas 凹陷的持续构造活动影响，Kerimbas 凹陷西侧斜坡带渐新统发育砂岩上倾尖灭圈闭。

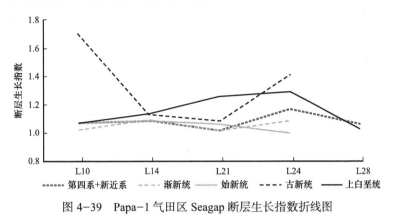

图 4-39　Papa-1 气田区 Seagap 断层生长指数折线图

三、圈闭发育主控因素

1. 构造对圈闭形成的影响

东非海岸各时期发生了大量构造运动，除主断裂外还伴生了大量次级断层，形成了大量复杂多样的构造样式，为构造圈闭的形成提供了基础。

东非被动陆缘盆地走滑段的 Seagap 走滑断层在晚白垩世和古新世剧烈活动，次级断层大量发育，生成了复杂多样的构造样式，并且以 X 形正断层、断阶和花状构造为主，这些构造有利于断鼻、断块和断背斜等构造圈闭的发育。

Davie 西断层在古新世—始新世剧烈活动，Kerimbas 凹陷内断层大量发育，有利于断块圈闭的发育。在渐新世之后，鲁伍马盆地发育重力滑脱构造，此构造样式不仅有利于滚动背斜、断块等构造圈闭的发育，还能对东侧储层进行有效封堵，促进地层圈闭的形成。

2. 古隆起对圈闭形成的影响

东非被动陆缘盆地整体构造活动强烈，活动期次多，发育了一系列地形古隆起，而这些古隆起控制了古地形和储层砂体分布，进而影响了圈闭形成。通过测绘东非被动陆缘盆地带通滤波重力图，表明研究区重力高值区域呈现南北向条带状分布。综合地震资料，根据古隆起活动的时间和类型将研究区的古隆起分为三类，即持续性基底隆起、早期基底隆起和晚期反转基底隆起。

拉穆盆地南部海域 Davie 基底隆起为受三叠纪—早侏罗世 Davie 西构造带活动的影响发育形成的早期基底隆起，它控制了区域的地形，使 Davie 西断层西侧成为当时的沉积中心，使其西侧储层变厚东部储层变薄。

坦桑尼亚盆地北部浅水 A 区 Zanzibar 基底隆起是受晚期新近纪伸展应力作用形成的晚期反转基底隆起，其地形的隆起主要促进了背斜、断阶等构造样式的发育，促进了构造圈闭的形成。

坦桑尼亚盆地南部和鲁伍马盆地北部 Seagap 基底隆起是受 Seagap 构造带自早白垩世至今持续活动的影响发育形成，为持续继承性基底隆起；它不仅造成区域地形的隆起，进而控制了区域沉积相带和储层的分布和发育，而且强烈多期的构造活动形成了单斜和断阶等构造样式，促进了地层和构造圈闭的形成。

3. 沉积—储层对圈闭形成的影响

东非被动陆缘盆地面积较大，不同地区有不同规模的河流体系为盆地供给物源，并且盆地海上区域大陆架形态差异较大，导致不同沉积背景发育的沉积体系和储层砂体也有较大差异，对圈闭的发育有重大影响（图 4-40）。

古近纪以来，特别是渐新世，全球海平面持续下降，研究区以进积型沉积作用为主，发育了鲁伍马和鲁菲吉等大型三角洲。同时，大量陆源碎屑沿着陆坡向深海滑动，深水区发育深水水道—朵叶体。其中，鲁伍马盆地和坦桑尼亚盆地自南向北发四大"源—汇"沉积体系。坦桑尼亚盆地中部地区发育鲁菲吉大型河流沉积体系，为大型物源、宽缓陆架沉积背景。坦桑尼亚盆地南部地区为小型河流发育区，为小型物源、窄陡陆架沉积背景。鲁伍马盆地发育鲁伍马大型河流沉积体系，北部为大型物源、窄陡陆架沉积背景。沉积背景差异导致鲁伍马盆地和坦桑尼亚盆地南—北部的沉积体系和储层砂体发育有极大不同。

鲁伍马盆地北部为窄陆架—陡陆坡背景下的大型单源供给体系，深水区主要发育复合型、侧向迁移型水道和朵叶体沉积，水道与朵叶体规模最大；坦桑尼亚盆地南部为窄陆架—陡陆坡背景下的小型单源供给体系，三角洲相带窄，物源补给不充分，深水区以孤立型水道和朵叶体为主，水道—朵叶体规模最小；坦桑尼亚盆地中部陆架变宽、陆坡变缓，为大型单源供给体系，深水区主要发育复合型、垂向加积型、侧向迁移型水道和朵叶体沉积，水道和朵叶体规模仅次于鲁伍马盆地北部；坦桑尼亚盆地北部陆架—陆坡地形进一步变缓，为宽缓陆架—陆坡背景下的中型多源供给体系，深水区发育复合型、侧向迁移型水道，堤岸和朵叶体沉积，深水水道与朵叶体规模较大。坦桑尼亚盆地总储量大，单个气田储量也较大，物性好、规模较大的砂体给盆地南部构造圈闭及油气田的形成提供了储层条件。而坦桑尼亚盆地北部处于大型物源供给、宽缓沉积的背景下，大型物源供给加上陆坡地形坡度较缓，发育侵蚀水道复合体，下陆坡区发育水道—朵叶体复合体，目的层储层发育。

四、圈闭发育区带评价

通过古隆起的形成特征分析，将研究区的古隆起类型分为 I 类（地震资料证实的持续性基底隆起）和 II 类（地震资料证实的早期基底隆起、晚期反转或地震资料未覆盖的基底隆起；图 4-41）。结合研究区各时期的构造特征和沉积储层特征，将研究区的有利圈闭分为两大类 12 小类（表 4-8）。

以古新统为例，鲁伍马盆地北部地区主要发育 1 类地层圈闭，多位于 I 类古隆起带上，整体表现为上倾侧单斜构造样式，在大型物源供给体系、窄陡大陆架形态的沉积背景下，发育复合水道沉积储层，形成上倾侧单斜的地层圈闭（图 4-42）。

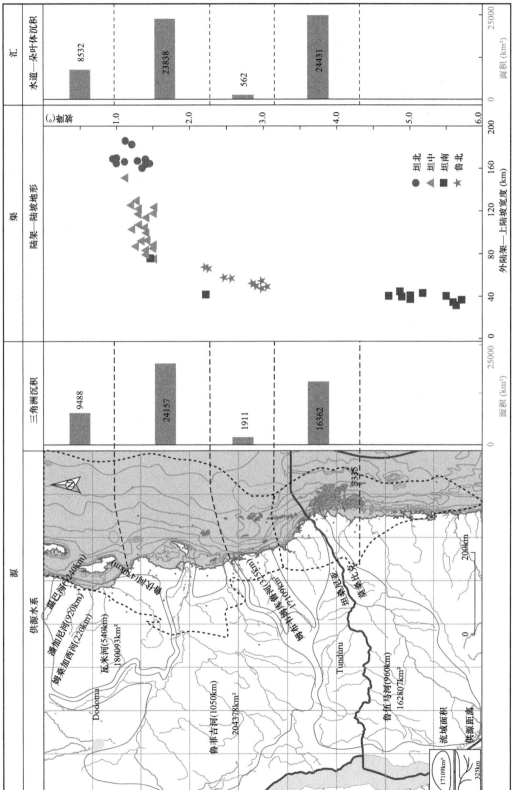

图 4-40　东非被动陆缘盆地 "源—汇" 沉积体系

表 4-8　东非被动陆缘盆地有利圈闭发育区平面分布划分标准

构造特征				储层沉积特征			主要发育位置
圈闭类型	亚类	隆起类型	构造样式	物源供给体系	大陆架形态	储层类型	
地层圈闭	1	I	单斜（上倾侧）	大型	窄陡	以复合型水道、朵叶体沉积为主	鲁伍马盆地北部
	2	I	单斜（上倾侧）	小型	窄陡	以孤立型水道、朵叶体沉积为主	坦桑尼亚盆地南部
	3	I	单斜（上倾侧）	大型	宽缓	以复合型、垂向加积型、侧向迁移型水道沉积为主	坦桑尼亚盆地中部
	4	II	单斜（上倾侧）	小型	宽缓	以侧向迁移型水道沉积为主	坦桑尼亚盆地北部
	5	I 或 II	单斜（上倾侧）	小型	宽缓	以侧向迁移型水道沉积为主	坦桑尼亚盆地东北部
	6	II	单斜（上倾侧）	小型	宽缓	以侧向迁移型水道沉积为主	拉穆盆地南部
构造圈闭	1	I	重力滑脱	大型	窄陡	以复合型水道、朵叶体沉积为主	鲁伍马盆地北部
	2	I	反向断阶、花状构造	小型	窄陡	以孤立型水道、朵叶体沉积为主	坦桑尼亚盆地南部
	3	I	反向断阶、花状构造	大型	宽缓	以复合型、垂向加积型、侧向迁移型水道沉积为主	坦桑尼亚盆地中部
	4	II	反转构造、反向断阶	小型	宽缓	以侧向迁移型水道沉积为主	坦桑尼亚盆地北部
	5	I 或 II	X 形正断层、滚动背斜	小型	宽缓	以侧向迁移型水道沉积为主	坦桑尼亚盆地东北部
	6	II	负花状构造、重力滑脱	小型	宽缓	以侧向迁移型水道沉积为主	拉穆盆地南部

坦桑尼亚盆地南部发育 2 类地层圈闭和 2 类构造圈闭，处于 I 类古隆起带上，在小型物源供给体系窄陡大陆架形态的沉积背景下，以孤立型水道沉积储层为主，形成上倾侧单斜的地层圈闭以及发育反向断阶和花状构造的构造圈闭。坦桑尼亚盆地中部地区发育 3 类地层圈闭和 3 类构造圈闭，整体处于 I 类古隆起带上，在大型物源供给体系宽缓大陆架形态的沉积背景下，复合型、垂向加积型、侧向迁移型水道沉积储层发育，形成上倾侧单斜的地层圈闭以及发育反向断阶和花状构造的构造圈闭。坦桑尼亚盆地北部地区主要发育 4 类地层圈闭和 4 类构造圈闭，整体处于 II 类古隆起带上，在小型物源供给

体系宽缓大陆架形态的沉积背景下，发育侧向迁移型水道沉积储层，形成上倾侧单斜的地层圈闭以及发育反转构造、反向断阶的构造圈闭。坦桑尼亚盆地东北部地区主要发育5类地层圈闭和5类构造圈闭，整体处于Ⅰ类或Ⅱ类古隆起带上，在小型物源供给体系、宽缓大陆架形态的沉积背景下，以侧向迁移型水道沉积储层为主，上倾侧单斜的地层圈闭以及包含X形正断层和滚动背斜的构造圈闭较为发育。

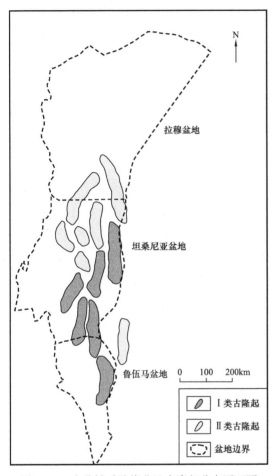

图 4-41　东非被动陆缘盆地古隆起分布平面图

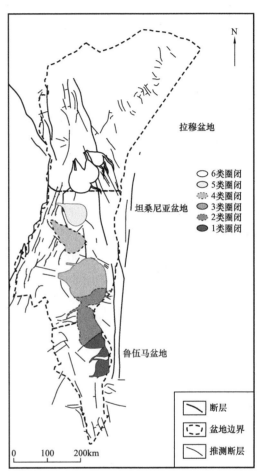

图 4-42　东非被动陆缘盆地古新统圈闭平面分布图

　　拉穆盆地南部地区主要发育6类地层圈闭和6类构造圈闭，处于Ⅱ类古隆起带上，在小型物源供给体系、宽缓大陆架形态的沉积背景下，发育侧向迁移型水道沉积储层，形成上倾侧单斜的地层圈闭，以及发育反转构造、负花状构造和重力滑脱构造的构造圈闭。

第五章 油气成藏规律及综合评价

第一节 油气分布特征

一、鲁伍马盆地

鲁伍马盆地截至目前有探井 39 口，其中包括 24 口发现井，5 口显示井，10 口干井。鲁伍马盆地已发现了 14 个天然气田（按成藏模式类型将 Jodari-1、Mkizi-1、Mnazi Bay、Msimbati 和 Mzia-1 这 4 个气田归入坦桑尼亚盆地已知气田），可采储量共计 $141.44 \times 10^{12} \text{ft}^3$。鲁伍马盆地已发现气田大部分位于 Kerimbas 凹陷西侧的斜坡带上，呈连片分布，陆上和南部海上区域油气田均很少。已发现油气田以地层油气藏为主，可采储量为 $95.15 \times 10^{12} \text{ft}^3$，占 77%；构造油气藏为辅，可采储量为 $46.29 \times 10^{12} \text{ft}^3$，仅占 23%。气田主要发育于古近系。其中，渐新统可采储量最大，达 $74.08 \times 10^{12} \text{ft}^3$，占盆地可采储量的 52.4%；古新统可采储量为 $33.71 \times 10^{12} \text{ft}^3$，占盆地可采储量的 23.8%；始新统可采储量为 $30.21 \times 10^{12} \text{ft}^3$，占盆地可采储量的 21.3%；新近系可采储量为 $0.08 \times 10^{12} \text{ft}^3$，占盆地可采储量的 0.1%；上白垩统可采储量较少，为 $3.36 \times 10^{12} \text{ft}^3$，仅占盆地可采储量的 2.4%（图 5-1）。

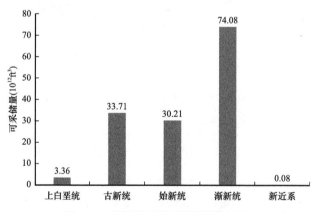

图 5-1 鲁伍马盆地可采储量统计图

鲁伍马盆地已发现气田主要分布于渐新统—上新统成藏组合和古新统—始新统成藏组合，其中渐新统—上新统成藏组合可采储量为 $74.16 \times 10^{12} \text{ft}^3$，占盆地可采储量的 53%；古新统—始新统成藏组合可采储量为 $63.92 \times 10^{12} \text{ft}^3$，占盆地可采储量的 45%（图 5-2）。

二、坦桑尼亚盆地

截至目前，坦桑尼亚盆地共发现 25 个气田，可采储量为 $38.93 \times 10^{12} \text{ft}^3$，已发现油气田以构造油气田为主（占比 80%），地层油气藏为辅（占比 20%）。平面上看，25 个气田全部位于坦桑尼亚盆地的南区，并且大部分位于 Seagap 走滑断层及其次级断层附近，在坦桑尼亚盆地中区和北区虽有钻井，但尚无气田发现。从纵向上看，气田主要分布在上白垩统，其次为下白垩统，在古近系各层均有分布（图 5-3）。

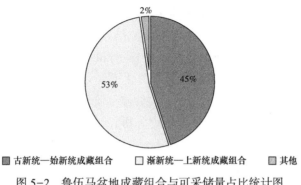

图 5-2　鲁伍马盆地成藏组合与可采储量占比统计图

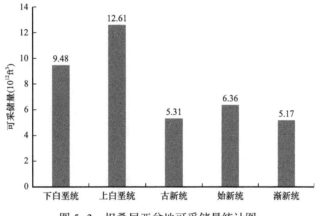

图 5-3　坦桑尼亚盆地可采储量统计图

坦桑尼亚盆地已发现气田主要发育在上白垩统成藏组合、下白垩统成藏组合和古近系成藏组合，其上白垩统成藏组合可采储量为 $12.61 \times 10^{12} ft^3$，占盆地可采储量的 32.4%；下白垩统成藏组合可采储量为 $9.48 \times 10^{12} ft^3$，占盆地可采储量的 24.4%；古近系成藏组合可采储量为 $16.84 \times 10^{12} ft^3$，占盆地可采储量的 43.2%（图 5-4）。

图 5-4　坦桑尼亚盆地成藏组合与可采储量占比统计图

第二节 成 藏 史

根据现有资料，东非被动陆缘盆地油气成藏时间主要由烃源岩的成熟度、生排烃史、重点断层活动史和圈闭发育史结合来判断。

东非被动陆缘盆地的主力烃源岩为下侏罗统局限海相烃源岩，结合东非被动陆缘盆地的下侏罗统埋藏史与成熟度图（图 5-5）、有机质成熟度平面图（图 5-6）和生排烃史（图 5-7、图 5-8）分析，烃源岩从早白垩世开始成熟生烃，晚白垩世进入过成熟阶段且进入主要排气阶段，现阶段仍处于大量排气阶段，坦桑尼亚盆地南部已发现气田均为干气。结合圈闭的发育史和断层活动史分析，认为气藏形成的时间为晚白垩世—新生代。

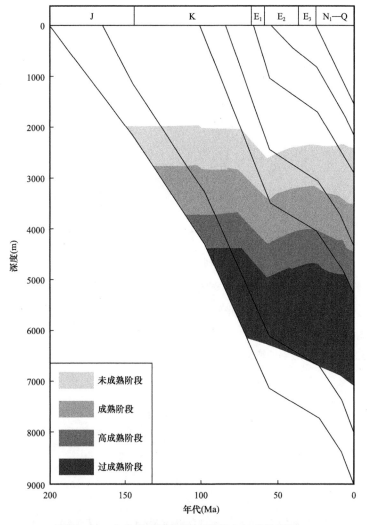

图 5-5 东非被动陆缘盆地埋藏史与成熟度图

油气成藏时间必然在圈闭形成以后。以 Chaza-1 气田为例，该气田位于鲁伍马盆地 Seagap 构造带东侧的中新统，圈闭类型以断鼻、断块圈闭为主。中新世，由于盆地水系大量物源的供给和海平面持续下降，鲁伍马盆地发育三角洲—深海水道—海底扇沉积体系。自渐新世开始，随着气田西侧鲁伍马重力滑脱冲断带的持续发育和活动，形成了重力滑脱构造，滑脱冲断带前端的逆冲断层封闭、遮挡砂体上倾方向形成构造圈闭，因此 Chaza-1 气田成藏时间为渐新世—中新世，晚于重力滑脱冲断带活动时间。

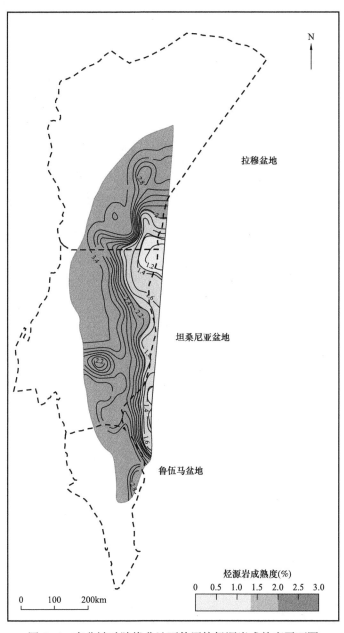

图 5-6　东非被动陆缘盆地下侏罗统烃源岩成熟度平面图

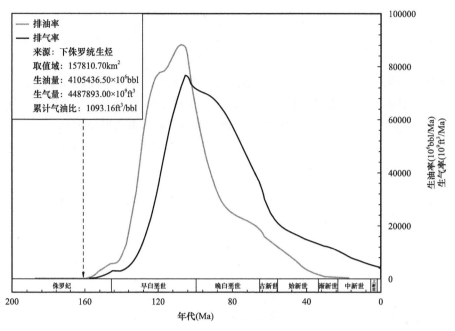

图 5-7　东非被动陆缘盆地生烃史图

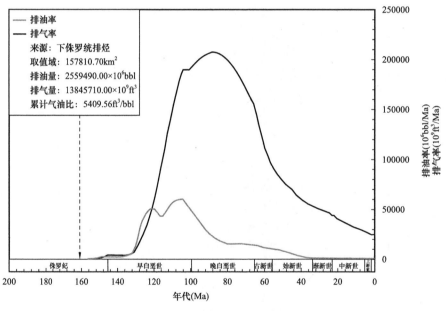

图 5-8　东非被动陆缘盆地排烃史图

第三节　输 导 体 系

　　研究区油气运移以沟通下侏罗统烃源岩和白垩系—中新统深海水道—海底扇体储层的深大断裂为运移通道的垂向运移为主，侧向运移作用较弱。根据断裂的特征将其主要输导断裂类型分为早期断裂晚期活化与晚期次生断裂两种类型（图 5-9）。

早期断裂晚期活化运移通道主要为 Seagap 断层、Kerimbas 断层以及 Davie 西断层等深大断裂，构造期次多，构造活动强度大，运移条件较好；晚期次生断裂运移通道为晚白垩世—古近纪发育的陆上伸展断层和褶皱冲断带近海侧发育的逆冲断层，构造活动强度一般，运移条件一般。

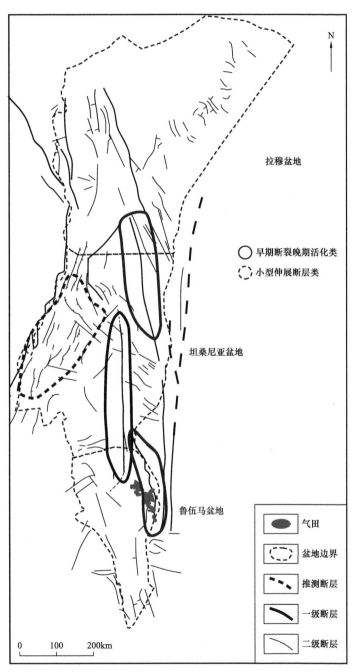

图 5-9 东非被动陆缘盆地断裂纲要及断裂类型分布图

第四节　成藏主控因素

一、主力烃源岩的分布控制了油气分布

鲁伍马盆地和坦桑尼亚盆地南部主力烃源岩为下侏罗统局限海相烃源岩，其主要通过断裂垂向运移至白垩系或古近系圈闭聚集成藏。其成藏模式和运移方式决定了主力烃源岩的分布并控制了油气分布。目前已发现的气田大多数处于 I 类生烃潜力区，而在坦桑尼亚盆地西部陆上及拉穆盆地已发现的空井大多处于 III 类生烃潜力区，烃源岩质量差或下侏罗统太薄，供烃条件差（图 5-10）。

二、圈闭的类型和规模控制了油气田的储量规模

不同的构造样式、古隆起的类型和储层的特征形成了不同类型和特征的圈闭。东非海岸各时期发生的大型构造运动，形成了复杂多样的构造样式，有利于断鼻、断块和断背斜等构造圈闭的发育；同时研究区存在的古隆起构造控制了地形和砂体分布，促进了地层圈闭的形成。

不同背景下沉积砂体成因类型、规模和展布特征差异较大。鲁伍马盆地为大型物源、窄陡陆架背景，形成大型丘状海底扇，砂体横向展布广，导致鲁伍马盆地北部地层圈闭的规模大，气田规模大，单气田平均可采储量为 $7.99 \times 10^{12} \text{ft}^3$。坦桑尼亚盆地南部为小型物源、窄陡陆架背景，储层以侧向加积型水道砂体为主，构造样式的复杂多样致使坦桑尼亚盆地南部发育的构造圈闭规模较小，进而单个气田规模偏小，单气田平均可采储量为 $1.43 \times 10^{12} \text{ft}^3$。

三、断裂的类型和活动性控制了油气垂向运移与聚集

深大断裂构成了油气的垂向运移通道，断层活动性决定了其开启或封闭。其中坦桑尼亚盆地目前已发现油气藏的主要垂向运移通道为 Seagap 断裂带，鲁伍马盆地已发现油气藏的主要垂向运移通道为 Kerimbas 西断裂带（图 5-11）。

Seagap 断层沟通下侏罗统烃源岩和白垩系—古近系储层，油气垂向运移并就近成藏。坦桑尼亚盆地南部大部分气田位于 Seagap 断裂及次级断裂附近。Seagap 断层主要活动时期为晚白垩世—古新世，与油气成藏期匹配较好。Seagap 断层南部和北部活动较为剧烈，中部活动较弱。断层南部和北部为开启性通道，中部则可能封闭，由此控制了油气的垂向运移。

Kerimbas 西断裂带沟通下侏罗统烃源岩和古近系储层，油气垂向运移并就近成藏。鲁伍马盆地大部分气田位于 Kerimbas 西断裂带西侧的斜坡带上。Kerimbas 西断裂带主要活动时期为新近纪，与油气成藏期匹配较好。该断裂带整体活动北弱南强，并且越往南活动越强烈，为开启性通道，并控制了油气的垂向运移（图 5-12）。

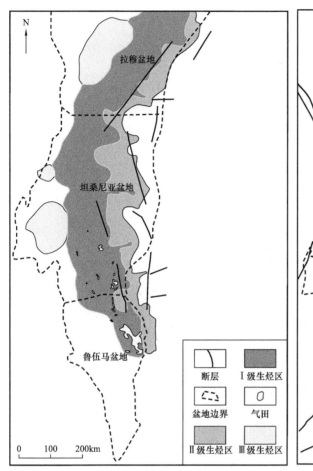

图 5-10 东非被动陆缘盆地生烃潜力区与油气
分布平面图

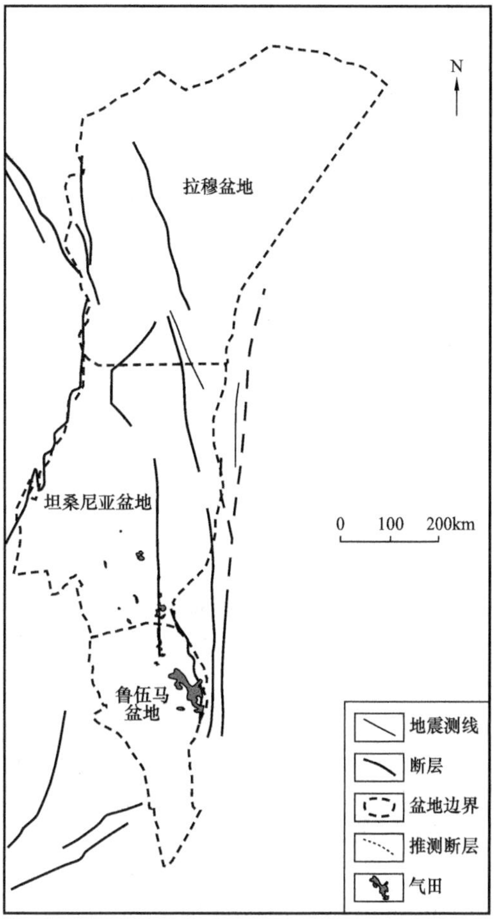

图 5-11 东非被动陆缘盆地断裂纲要—
测线叠合图

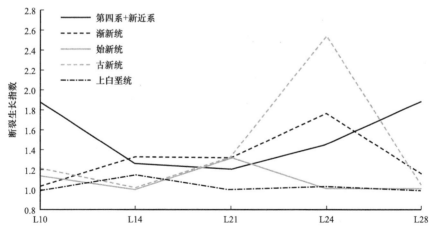

图 5-12 东非被动陆缘盆地 Kerimbas 西断裂生长指数折线图

第五节 成藏模式

东非被动陆缘盆地的成藏模式虽然整体上都是下生上储，但是鲁伍马盆地和坦桑尼亚盆地的成藏模式仍有明显差异，鲁伍马盆地成藏组合主要在古近系，以 Kerimbas 断裂作为运移通道，主要形成地层圈闭油气藏；而坦桑尼亚盆地以白垩系—古新统成藏组合为主，以 Seagap 断裂作为运移通道，主要形成构造圈闭油气藏。

一、Kerimbas 断裂带成藏模式

Kerimbas 断裂带成藏模式的主力烃源岩为下侏罗统局限海相烃源岩，储层位于古近系，区域盖层为储层上覆泥岩，形成以砂岩透镜体和砂岩上倾尖灭圈闭为主的地层圈闭，以西部陆坡的被动陆缘二期再次活动的裂陷期初始断层，以及被动陆缘二期发育的正断层和部分逆断层作为垂向运移通道，发育下生上储型成藏组合。其成藏模式为下侏罗统烃源岩沿早期断裂向上垂向运移至古新统—始新统或渐新统—中新统地层圈闭聚集，于晚白垩世—新生代成藏（图 5-13）。

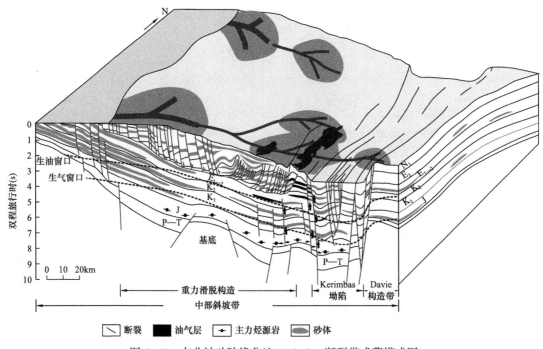

图 5-13 东非被动陆缘盆地 Kerimbas 断裂带成藏模式图

二、Seagap 断裂带成藏模式

Seagap 断裂带成藏模式的主力烃源岩仍为下侏罗统局限海相烃源岩，但是其主力储集层位为白垩系和古新统，区域盖层为储层上覆泥岩，形成以断鼻、断块和断背斜为主

的构造圈闭，以走滑期活动形成的 Seagap 等断层和被动陆缘二期形成的伸展断层为主构成油气垂向运移通道，发育下生上储型成藏组合。其成藏模式为下侏罗统烃源岩沿断层向上垂向运移至构造圈闭或地层圈闭聚集，于晚白垩世—新生代成藏（图 5-14）。

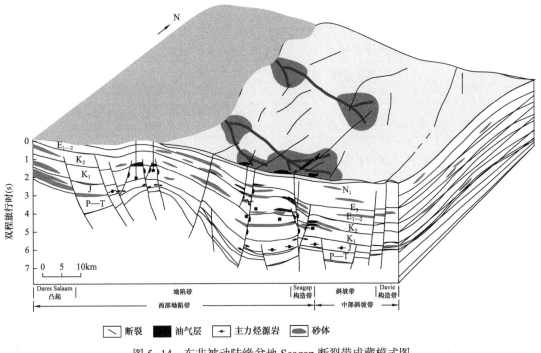

图 5-14　东非被动陆缘盆地 Seagap 断裂带成藏模式图

第六节　成藏有利区带综合评价及预测

一、成藏组合特征及成藏事件分析

1. 鲁伍马盆地

鲁伍马盆地主力成藏组合有两套，分别为古新统—始新统浊积砂岩和渐新统—中新统浊积砂岩成藏组合。古新统—始新统浊积砂岩成藏组合发育地层为古新统—始新统，储层为古新统—始新统海底扇相砂岩，储层物性较好，平均孔隙度为 13%，含水饱和度在 32%～35% 之间，由其上覆深海泥岩作为盖层。于古新世开始形成砂岩透镜体等地层圈闭，并开始成藏（图 5-15）。

渐新统—中新统浊积砂岩成藏组合发育地层为渐新统—中新统（图 5-15），储层为渐新统—中新统海底扇相砂岩，储层物性好，平均孔隙度为 19%～21%，渗透率为 182～1325mD，含水饱和度为 16%～49%，由其上覆深海泥岩作为盖层。于渐新世开始形成地层圈闭或构造圈闭，并开始成藏（图 5-15）。

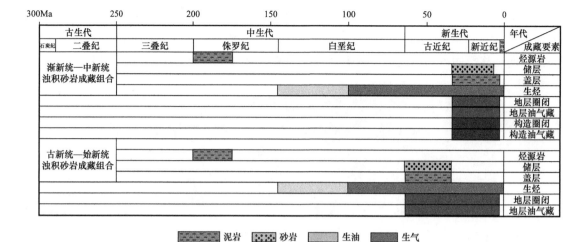

图 5-15 鲁伍马盆地成藏事件图

2. 坦桑尼亚盆地

坦桑尼亚盆地的主力成藏组合有三套，分别为古近系深海水道—朵叶体砂岩成藏组合，上白垩统深海水道—朵叶体砂岩和下白垩统深海水道—朵叶体砂岩成藏组合。

古近系深海水道—朵叶体砂岩成藏组合在古近系较发育（图 5-16），储层为古近系海底扇相砂岩，储层物性优良，孔隙度在 25%～29% 之间，由其上覆深海泥岩作为盖层。于古近纪开始形成地层圈闭或构造圈闭，并开始成藏（图 5-16）。

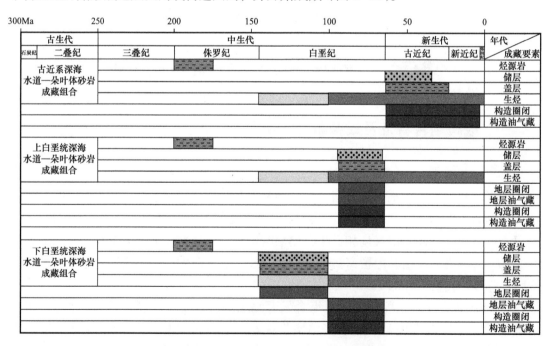

图 5-16 坦桑尼亚盆地成藏事件图

上白垩统深海水道——朵叶体砂岩成藏组合储层为上白垩统深海水道——朵叶体砂岩，储层物性优良，孔隙度为20%～42%，由其上覆深海泥岩作为盖层。于晚白垩世开始形成地层圈闭或构造圈闭，并开始成藏。

下白垩统深海水道——朵叶体砂岩成藏组合储层为下白垩统三角洲平原——前缘亚相砂岩，储层物性优良，孔隙度为10%～30%，由其上覆深海泥岩作为盖层。于早白垩世开始形成地层圈闭，晚白垩世开始形成构造圈闭，并于晚白垩世开始成藏。

二、有利区带评价与预测

结合烃源岩、沉积背景、储层类型及分布、古地形隆起类型、构造样式和断层类型及活动史等相关成果，建立基于烃源岩生烃潜力、有利圈闭类型和断层类型的有利区带评价标准（表5-1）。其中A级和B级生烃区为发育大套泥岩夹薄层盐岩或砂岩的局限浅海沉积，有机地球化学指标好、厚度大，生烃潜力高，为好生油岩区。而C级生烃区主要发育三角洲和浅海沉积，有机地球化学指标较差，生烃潜力有限，不列入有利区域评价标准。

表5-1　研究区有利区带平面划分评价标准

烃源岩生烃潜力	有利圈闭类型	断层类型	有利区域分类
A级	1类	早期发育晚期活化	Ⅰ
A级	2类、3类、4类	走滑断层	Ⅱ
A、B级	5类	晚期发育	Ⅲ

1类和2类圈闭整体处于Ⅰ类古隆起带上，易于油气的聚集，发育复合型水道、侧向迁移型水道和朵叶体沉积储层等相关圈闭，储层分布范围广、物性好，为最优圈闭，其余有利圈闭次之。

运移通道类型中，早期发育晚期活化型大型深大断层的构造活动期次多，运移条件好；而晚期次级断层多为新近纪发育的陆上或浅海区伸展断层和逆冲断层，断距较短，运移条件一般，圈闭和油气运移的时空配置较差，因此不将其作为有利区域发育条件。

根据以上因素综合分析，将东非被动陆缘盆地的有利区域分为3级，其中Ⅰ类为优良的有利区域，以目前已发现的鲁伍马盆地北部气田为代表。Ⅱ类为已知和推测的良好的有利区域，以坦桑尼亚盆地南部和北部为代表。而坦桑尼亚盆地中部偏北虽然有3类圈闭发育，但是区域构造活动不强，油气运移条件较差，因此不将其划分为有利区域。拉穆盆地南部虽有6类圈闭发育且以早期断裂晚期活化作为运移通道，但是其烃源岩质量较鲁伍马盆地北部与坦桑尼亚盆地烃源岩差，可能发育Ⅲ类有利区（图5-17）。

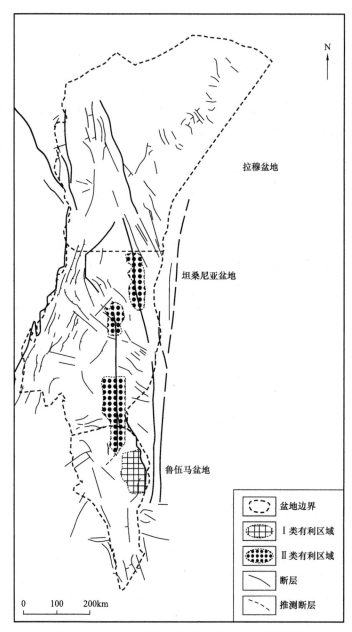

拉穆盆地

坦桑尼亚盆地

鲁伍马盆地

图例	
盆地边界	
Ⅰ类有利区域	
Ⅱ类有利区域	
断层	
推测断层	

0   100   200km

图 5-17 东非被动陆缘盆地有利区带评价平面图

参 考 文 献

白国平，秦养珍.2010.南美洲含油气盆地和油气分布综述［J］.现代地质，24（6）：1102-1111.

陈安定.2005.海相"有效烃源岩"定义及丰度下限问题讨论［J］.石油勘探与开发，（2）：23-25.

陈建平，梁狄刚，张水昌，等.2013.泥岩/页岩：中国元古宙—古生代海相沉积盆地主要烃源岩［J］.
地质学报，87（7）：905-921.

陈宇航，姚根顺，唐鹏程，等.2016.东非凯瑞巴斯盆地多期构造变形及对油气聚集的控制作用［J］.大
地构造与成矿学，40（3）：491-502.

崔志骅.2016.东非海岸重点盆地油气地质特征及勘探潜力分析［D］.杭州：浙江大学.

邓运华.2018.试论海湾对海相石油的控制作用［J］.石油学报，39（1）：1-11.

邓运华，孙涛.2019.试论优质烃源岩与大油田的共生关系［J］.中国海上油气，31（5）：1-8.

丁文龙，李超，苏爱国，等.2011.西藏羌塘盆地中生界海相烃源岩综合地球化学剖面研究及有利生烃区
预测［J］.岩石学报，27（3）：878-896.

董春梅，张宪国，林承焰.2006.有关地震沉积学若干问题的探讨［J］.石油地球物理勘探，41（4）：
405-409.

董清源，刘小平，张盼盼，等.2015.孔南地区孔二段致密油生烃评价及有利区预测［J］.特种油气藏，
22（4）：51-55.

范玉海，屈红军，张功成，等.2011.世界主要深水含油气盆地储层特征［J］.海洋地质与第四纪地质，
31（5）：135-145.

冯文杰，吴胜和，刘忠保，等.2017.逆断层正牵引构造对冲积扇沉积过程与沉积构型的控制作用：水槽
沉积模拟实究［J］.地学前缘，24（6）：370-380.

高福红，刘立，高红梅，等.2007.鸡西盆地早白垩世烃源岩沉积有机相划分和评价［J］.吉林大学学报：
地球科学版，37（4）：717-720.

高抒.2005.美国《洋陆边缘科学计划2004》述评［J］.海洋地质与第四纪地质，25（1）：119-123.

高振中，段太忠.1985.湘西东寒武纪深水碳酸盐重力沉积［J］.沉积学报，3（3）：7-22.

高振中，段太忠.1990.华南海相重力沉积相模式［J］.沉积学报，（2）：9-21.

高振中，何幼斌.2002.中国油气勘探的一个新领域：深水牵引流沉积［J］.海相油气地质，7（4）：1-7.

郭成贤，林克湘.1988.鄂东南大冶地区早三叠世深水碳酸盐重力沉积特征［J］.石油天然气学报，19
（1）：14-21.

郭建华，曾允孚.1997.鄂东南大沙坪下奥陶统碳酸盐重力流及自发振动成因机理［J］.岩石学报，13
（2）：245-253.

郭笑，李华，梁建设，等.2019.坦桑尼亚盆地渐新统深水重力流沉积特征及控制因素［J］.古地理学报，
21（6）：971-982.

郭彦英，黄河清.2013.海底浊流在坡道转换处的流动及沉积的数值模拟［J］.沉积学报，31（6）：994-
1000.

何幼斌，王文广.2007.沉积岩与沉积相［M］.北京：石油工业出版社.

何云龙，解习农，李俊良，等.2010.琼东南盆地陆坡体系发育特征及其控制因素［J］.地质科技情报，
29（2）：118-122.

胡良君.2013.非洲东海岸区域构造演化与构造样式分析及其对生储盖组合的控制作用［D］.北京：中
国地质大学.

胡明毅，龚文平，文志刚，等.2000.羌塘盆地三叠系、侏罗系石油地质特征和含油远景评价［J］.石油
实验地质，22（3）：245-249.

黄捍东，曹学虎，罗群.2011.地震沉积学在生物礁滩预测中的应用：以川东褶皱带建南—龙驹坝地区为
例［J］.石油学报，32（4）：629-636.

黄璐，张家年，吴昊雨，等．2013.弯曲海底峡谷中浊流的三维流动及沉积的初步研究［J］.沉积学报，31（6）：1001-1007.

姜涛，解习农，汤苏林．2005.浊流形成条件的水动力学模拟及其在储层预测方面的作用［J］.地质科技情报，24（2）：1-6.

姜涛，解习农，汤苏林，等．2007.浊流成因海底沉积波形成机理及其数值模拟［J］.科学通报，52（16）：1945-1950.

金宠，陈安清，楼章华，等．2012.东非构造演化与油气成藏规律初探［J］.吉林大学学报：地球科学版，2012，42（S2）：121-130.

孔祥宇．2013.东非鲁武马盆地油气地质特征与勘探前景［J］.岩性油气藏，25（3）：21-27.

李冬．2011.琼东南盆地中央峡谷深水天然堤—溢岸沉积［J］.沉积学报，29（4）：689-694.

李华，何幼斌．2020.深水重力流水道沉积研究［J］.古地理学报，22（1）：161-174.

李华，何幼斌，冯斌，等．2018.鄂尔多斯盆地西缘奥陶系拉什仲组深水水道沉积类型及演化［J］.地球科学，43（6）：2149-2159.

李华，何幼斌，王振奇．2011.深水高弯度水道—堤岸沉积体系形态及特征［J］.古地理学报，13（2）：139-149.

李华，王英民，徐强，等．2013.南海北部第四系深层等深流沉积特征及类型［J］.古地理学报，15（5）：741-750.

李华，王英民，徐强，等．2014.南海北部珠江口盆地重力流与等深流交互作用沉积特征、过程及沉积模式［J］.地质学报，88（6）：1120-1129.

李建英，陈旭，张宾，等．2015.埃塞俄比亚欧加登盆地构造演化及有利区分析［J］.特种油气藏，22（1）：26-30+152.

李磊，李彬，王英民．2012a.深水朵体沉积构型及其油气勘探意义［J］.山东科技大学学报：自然科学版，31（4）：37-43

李磊，王英民，徐强，等．2012b.南海北部陆坡地震地貌及深水重力流沉积过程主控因素［J］.地球科学，42（10）：1533-1543.

李林．2011.重力流沉积：理论研究与野外识别［J］.沉积学报，29（4）：677-688.

李庆，姜在兴，由雪莲，等．2016.有机相在非常规油气储层评价中的应用：以束鹿凹陷富有机质泥灰岩储层为例［J］.东北石油大学学报，40（3）：1-9.

李胜利，于兴河，刘玉梅，等．2012.水道加朵体型深水扇形成机制与模式：以白云凹陷荔湾3-1地区珠江组为例［J］.地学前缘，19（2）：32-40.

李相博，刘化清，完颜容，等．2009.鄂尔多斯盆地三叠系延长组砂质碎屑流储集体的首次发现［J］.岩性油气藏，21（4）：19-21.

李祥辉，王成善，金玮，等．2009.深海沉积理论发展及其在油气勘探中的意义［J］.沉积学报，27（1）：77-86.

李云，郑荣才，朱国金，等．2011.沉积物重力流研究进展综述［J］.地球科学进展，26（2）：157-165.

李云，郑荣才，朱国金，等．2012.珠江口盆地白云凹陷珠江组深水牵引流沉积特征及其地质意义［J］.海洋学报，34（1）：127-135.

李志明，徐二社，秦建中，等．2010.烃源岩评价中的若干问题［J］.西安石油大学学报：自然科学版，25（6）：8-12.

梁狄刚，张水昌，张宝民，等．2000.从塔里木盆地看中国海相生油问题［J］.地学前缘，7（4）：534-547.

廖计华，徐强，陈莹，等．2016.白云—荔湾凹陷珠江组大型深水水道体系沉积特征及成因机制［J］.地球科学，41（6）：1041-1054.

廖纪佳，马思豪，廖明光，等．2018.川北下寒武统仙女洞组台缘斜坡碳酸盐岩重力流沉积［J］.高校地质学报，24（2）：263-272.

林畅松，夏庆龙，施和生，等．2015.地貌演化、源—汇过程与盆地分析［J］.地学前缘，22（1）：9-20.

刘华，彭平安，刘大永，等．2006.中国海相碳酸盐岩评价中有关有机质丰度下限的几点讨论［J］.地质通报，25（Z2）：1100-1103.

刘磊．2018.辽东湾渐新世走滑—伸展复合盆地源—汇系统类型及沉积特征［D］.成都：成都理工大学．

刘强虎，朱筱敏，李顺利，等．2017.沙垒田凸起西部断裂陡坡型源—汇系统［J］.地球科学，42（11）：1883-1896.

刘子玉，吕明，卢景美，等．2017.东非鲁伍马盆地窄陆架背景下的深水沉积体系［J］.海相油气地质，22（4）：27-34.

吕明，王颖，陈莹．2008.尼日利亚深水区海底扇沉积模式成因探讨及勘探意义［J］.中国海上油气，11（4）：275-282.

陆克政，朱筱敏，漆家福．2001.含油气盆地分析［M］.东营：中国石油大学出版社．

骆帅兵，张莉，雷振宇，等．2017.陆坡盆地体系深水重力流形成机制、沉积模式及应用实例探讨［J］.石油实验地质，39（6）：747-754.

马君，刘剑平，潘校华，等．2008.东非大陆边缘地质特征及油气勘探前景［J］.世界地质，27（4）：400-405.

马君，刘剑平，潘校华，等．2009.东、西非大陆边缘比较及其油气意义［J］.成都理工大学学报：自然科学版，36（5）：538-545.

秦建中，刘宝泉，国建英，等．2004.关于碳酸盐烃源岩的评价标准［J］.石油实验地质，26（3）：281-286.

史维皎．2010.利用卫星重力异常研究利比里亚盆地断裂及凹陷分布［D］.西安：长安大学．

宋俭峰．2018.南堡凹陷古近系东营组层序地层和沉积体系研究［D］.北京：中国石油大学．

孙海涛，钟大康，张思梦．2010.非洲东西部被动大陆边缘盆地油气分布差异［J］.石油勘探与开发，37（5）：561-563+565-567.

孙立春，汪洪强，何娟，等．2014.尼日利亚海上区块近海底深水水道体系地震响应特征与沉积模式［J］.沉积学报，32（6）：1140-1152.

孙玉梅，孙涛，许志刚．2016.东非海岸坦桑尼亚盆地烃源岩特征与油气来源［J］.中国海上油气，28（1）：13-19.

田明智，刘占国，宋光永，等．2019.柴达木盆地扎哈泉地区致密油有效烃源岩识别与预测［J］.新疆石油地质，40（5）：536-542.

童晓光．2015.跨国油气勘探开发研究论文集［M］.北京：石油工业出版社，137-148.

童晓光，关增森．2002.世界石油勘探开发图集：非洲地区分册［M］.北京：石油工业出版社，1-437.

汪立，屈红军，张功成，等．2017.东非坦桑尼亚盆地油气地质特征与勘探前景［J］.海洋地质前沿，33（12）：46-52.

汪品先．2009.深海沉积与地球系统［J］.海洋地质与第四纪地质，29（4）：1-11.

王贵文，朱振宇，朱广宇．2002.烃源岩测井识别与评价方法研究［J］.石油勘探与开发，（4）：50-52.

王鹏伟，李华，陈诚，等．2020.深水重力流沉积类型与储集性能研究：以鄂尔多斯盆地西缘奥陶系拉什仲组为例［J］.海洋地质前沿，36（1）：59-66.

王颖，王晓州，王英民，等．2009.大型坳陷湖盆坡折带背景下的重力流沉积模式［J］.沉积学报，27（6）：1076-1083.

王兆云，赵文智．2004.中国海相碳酸盐岩气源岩评价指标研究［J］.自然科学进展，14（11）：1236-1243.

魏山力 . 2016. 基于地震资料的陆相湖盆 "源—渠—汇" 沉积体系分析：以珠江口盆地开平凹陷文昌组长轴沉积体系为例 [J] . 断块油气田，23（4）：414-418.

温志新，王兆明，宋成鹏，等 . 2015. 东非被动大陆边缘盆地结构构造差异与油气勘探 [J] . 石油勘探与开发，42（5）：671-680.

吴时国，张新元 . 2015. 南海共轭陆缘新生代碳酸盐台地对海盆构造演化的响应 [J] . 地球科学：中国地质大学学报，40（2）：234-248.

肖冬生 . 2011. 板桥—北大港地区沙河街组层序地层及沉积体系研究 [D] . 北京：中国地质大学 .

徐长贵 . 2013. 陆相断陷盆地源—汇时空耦合控砂原理：基本思想、概念体系及控砂模式 [J] . 中国海上油气，25（4）：1-11.

徐长贵，杜晓峰，徐伟，等 . 2017. 沉积盆地 "源—汇" 系统研究新进展 [J] . 石油与天然气地质，38（1）：1-11.

许可 . 2016. 饶阳凹陷沉积有机相与烃源岩的发育分布特征 [D] . 北京：中国石油大学 .

许志刚 . 2014. 东非裂谷系西支中南段 Karoo 地层分布特点与勘探前景 [J] . 吉林地质，33（1）：14-19.

许志刚，韩文明，孙玉梅 . 2014. 东非大陆边缘构造演化过程与油气勘探潜力 [J] . 中国地质，41（3）：961-969.

许志刚，韩文明，孙玉梅 . 2014. 东非共轭型大陆边缘油气成藏差异性分析 [J] . 天然气地球科学，25（5）：732-738.

杨姝凡 . 2018. 惠州凹陷南部珠江组层序地层及沉积体系研究 [D] . 北京：中国石油大学 .

姚素平，张科，胡文瑄，等 . 2009. 鄂尔多斯盆地三叠系延长组沉积有机相 [J] . 石油与天然气地质，30（1）：74-84.

于璇，侯贵廷，代双河，等 . 2015. 东非大陆边缘构造演化与油气成藏模式探析 [J] . 地质科技情报，34（6）：147-154+158.

张传松，王修林，朱德弟，等 . 2007. 营养盐在东海春季大规模赤潮形成过程中的作用 [J] . 中国海洋大学学报：自然科学版，37（6）：1002-1006.

张功成，屈红军，张凤廉，等 . 2019. 全球深水油气重大新发现及启示 [J] . 石油学报，40（1）：1-34.

张光亚，刘小兵，温志新，等 . 2015. 东非被动大陆边缘盆地构造—沉积特征及其对大气田富集的控制作用 [J] . 中国石油勘探，20（4）：71-80.

张光亚，余朝华，陈忠民，等 . 2018. 非洲地区盆地演化与油气分布 [J] . 地学前缘，25（2）：1-14.

张海桥 . 2019. 海拉尔盆地红旗凹陷烃源岩评价及有利区预测 [J] . 大庆石油地质与开发：17：12-24.

张鹏飞 . 1997. 吐哈盆地含煤沉积与煤成油 [M] . 北京：煤炭工业出版社，242-249.

张水昌，梁狄刚，张大江 . 2002. 关于古生界烃源岩有机质丰度的评价标准 [J] . 石油勘探与开发，（2）：8-12.

张兴，童晓光 . 2001. 艾伯特裂谷盆地含油气远景评价：极低勘探程度盆地评价实例 [J] . 石油勘探与开发，28（2）：102-106.

赵家斌，钟广法 . 2018. 构造活动对海底峡谷地貌形态的影响 [J] . 海洋地质前沿，34（12）：1-13.

中国环境监测总站 . 1998. 1998 年中国环境状况公报 [R/OL] . [1998-8-20] . http：//www. cnemc. cn/ jcbg/zghjzkgb/.

周总瑛，陶冶，李淑筠，等 . 2013. 非洲东海岸重点盆地油气资源潜力 [J] . 石油勘探与开发，40（5）：543-551.

朱光有，金强，张林晔 . 2003. 用测井信息获取烃源岩的地球化学参数研究 [J] . 测井技术，27（2）：104-109.

朱光有，赵文智，梁英波，等 . 2007. 中国海相沉积盆地富气机理与天然气的成因探讨 [J] . 科学通报，（S1）：46-57.

祝彦贺, 朱伟林, 徐强, 等. 2011. 珠江口盆地 13. 8Ma 陆架边缘三角洲与陆坡深水扇的"源汇"关系 [J]. 中南大学学报: 自然科学版, 42 (12): 3827-3834.

Alaug A S, Leythäeuser D, Bruns B, et al. 2011. Source rock evaluation, modelling, maturation, and reservoir characterization of the block 18 oilfields, Sab'atayn Basin, Yemen [J]. Iranian Journal of Earth Sciences, 3 (2): 134-152.

Allen P A. 2008. From Landscapes into Geological History [J]. Nature, 451 (7176): 274-276.

Arthur M A., Dean W E, Pratt L M. 1988.Geochemical and climatic effects of increased marine organic carbon burial at the Cenomanian/Turonian boundary [J]. Nature, 335: 714-717.

Atta-Peters D, Garrey P. 2014. Source Rock Evaluation and hydrocarbon potential in the Tano Basin, South Western Ghana, West Africa [J]. International Journal of Oil, Gas and Coal Engineering, 2 (5): 66-77.

Barker C. 1974. Pyrolysis Techniques for Source Rock Evaluation [J]. AAPG Bulletin, 58 (11): 267-294.

Bertrand P, Lallierverges E, Boussafir M. 1994. Enhancement of accumulation and anoxic degradation of organic matter controlled by cyclic productivity: A model [J]. Organic Geochemistry, 22 (3-5): 511-520.

Bosellini A. 1986. East Africa continental margins [J]. Geology, 14 (1): 76-78.

Bouma A H. 2000. Coarse-grained and fine-grained turbidite systems as end member models: Applicability and dangers [J]. Marine and Petroleum Geology, 17 (2): 137-143.

Cai J, He Y, Liang J, et al. 2020. Differential deformation of gravity-driven deep-water fold-and-thrust belts along the passive continental margin of East Africa and their impact on petroleum migration and accumulation [J]. Marine and Petroleum Geology, 112: 104053.

Capurro L, Reid J. 1972. Contributions on the physical oceanography of the Gulf of Mexico [J]. Environmental Science, 2: 65-87.

Carroll A R, Bohacs K M. 2001. Lake-type controls on petroleum source rock potential in Nonmarine basin [J]. AAPG Bulletin, 85 (6): 1033-1035.

Casalbore D, Falcini F, Martorelli E, et al. 2018. Characterization of overbanking features on the lower reach of the Gioia-Mesima canyon-channel system (southern Tyrrhenian Sea) through integration of morpho-stratigraphic data and physical modelling [J]. Progress in Oceanography, 169: 66-78.

Catuneanu O, Wopfner H, Eriksson P G, et al. 2005. The Karoo basins of south-central Africa [J].Journal of African Earth Sciences, 43 (1-3): 211-253.

Christopher J N, Paul N P, McMillan I K, et al. 2007. Structural evolution of southern coastal Tanzania since the Jurassic [J]. Journal of African Earth Sciences, 48 (4): 273-297.

Clark J A, Cartwright J A, Stewart S A. 1999. Mesozoic dissolution tectonics on the West Central shelf, UK Central North Sea [J]. Marine and Petroleum Geology, 16 (3): 283-300.

Coffin M F, Rabinowitz P D. 1982. A multichannel seismic transect of the Somalian continental margin [C]. Proceedings 1982 Offshore Technological Conference.

Cole D L, Wipplinger P E. 2001. Sedimentology and molybdenum potential of the Beaufort Group in the Main Karoo Basin, South Africa [J]. Pretoria: Council for Geoscience, 80: 176-189.

Cole J J, Pace M L, Carpenter S R, et al. 2000. Persistence of net heterotrophy in lakes during nutrient addition and food web manipulations [J]. Limnology and oceanography, 45 (8): 1718-1730.

Coleman J M, Prior D B, Lindsay J F. 1983. Deltaic influences on shelf edge instability processes [J]. AAPG Bulletin, 65 (5): 912-912.

Comey R K, Peakall J, Parsons D R, et al. 2006. The orientation of helical flow in curved channels [J].

Sedimentology, 53（2）: 249-257.

Cope M J. 2000. Tanzania's Mafia deepwater basin indicates potential on new seismic data［J］. Oil and Gas Journal, 98（33）: 40-49.

Corliss J B, Dymond J, Gordon L I, et al. 1979. Submarine thermal springs on the Galapagos Rift［J］. Science, 203（4385）: 1073-1083.

Cossu R, Wells M G. 2013. The evolution of submarine channels under the influence of Coriolis forces : Experimental observations of flow structures［J］. Terra Nova, 25（1）: 65-71.

Cossu R, Wells M, Peakall J. 2015. Latitudinal variations in submarine channel sedimentation patterns : The role of Coriolis forces［J］. Journal of Geological Society in London, 172（2）: 161-174.

Craig P, Bourgeois T, Malik Z, et al. 2003. Planning, evaluation, and performance of horizontal wells at Ram Powell field, deep-water Gulf of Mexico［J］. Horizontal wells : Focus on the Reservoir AAPG Methods in Exploration Series, 14（2003）: 95-112.

Danforth A, Granath J W, Gross J S, et al. 2012. Deepwater fans across a transform margin, offshore East Africa［J］. AACG Bulletin, 9: 72-74.

Dasgupta P. 2003. Sediment gravity flow-the conceptual problems［J］. Earth Science Review, 62（3-4）: 265-281.

Derenne S, Largeau C, Brukner-Wein A. 2000. Origin of variations in organic matter abundance and composition in a lithologically homogeneous maar-type oil shale deposit（Gérce, Pliocene, Hungary）［J］. Organic Geochemistry, 31（9）: 787-798.

Dickinson H P L W. 1985. Submarine ramp facies model for delta-fed, sand-rich turbidite systems［J］. AAPG Bull, 69（6）: 960-976.

Diester-Haass L, Robert C, Chamley H. 1996. The Eocene-Oligocene preglacial-glacial transition in the Atlantic sector of the Southern Ocean（ODP Site 690）［J］. Marine Geology, 131（3-4）: 123-149.

Dingle R. 1997. The anatomy of a large submarine slump on a sheared continental margin（SE Africa）［J］. Journal of Geological Society in London, 134（3）: 293-310.

Drinkwater N, Pickering K. 2001. Architectural elements in a high-continuity sand-prone turbidite system, late Precambrian Kongsfjord Formation, northern Norway : Application to hydrocarbon reservoir characterization［J］. AAPG Bulletin, 85（10）: 1731-1757.

Dunlap D B, Wood L J, Weisenberger C, et al. 2010. Seismic geomorphology of offshore Morocco's east margin, Safi Haute Mer area［J］. AAPG Bulletin, 94（5）: 615-642.

El-Gawad S A, Pirmez C, Cantelli A, et al. 2012. 3D numerical simulation of turbidity currents in submarine canyons off the Niger Delta［J］. Marine Geology, 326: 55-66.

Elverhi A, Norem H, Andersen E, et al. 1997. On the origin and flow behavior of submarine slides on deep-sea fans along the Norwegian-Barents Sea continental margin［J］. Geo-Marine Letters, 17: 119-125.

Embley R, Jacobi R. 1986. Mass wasting in the western North Atlantic［J］. The Geology of North America, 1000: 479-490.

Emmel B, Kumar R, Ueda K, et al. 2011. Thermochronological history of an orogeny-passive margin system : An example from northern Mozambique［J］. Tectonics, 30（2）: 34-54.

Faugères J-C, Stow D A. 1993. Bottom-current-controlled sedimentation : A synthesis of the contourite problem［J］. Sedimentary Geology, 82（1-4）: 287-297.

Fedele J J, Garcia M H. 2009. Laboratory experiments on the formation of subaqueous depositional gullies by turbidity currents［J］. Marine Geology, 258（1-4）: 48-59.

Fisher R V. 1971. Features of coarse-grained, high-concentration fluids and their deposits［J］. Journal of

Sedimentary Petrology, 41（4）: 916-927.

Fonnesu F. 2003. 3D seismic images of a low-sinuosity slope channel and related depositional lobe（West Africa deep-offshore）[J]. Marine and Petroleum of Geology, 20（6-8）: 615-629.

Fonnesu M, Palermo D, Galbiati M, et al. 2020. A new world-class deep-water play-type, deposited by the syndepositional interaction of turbidity flows and bottom currents: The giant Eocene Coral Field in northern Mozambique [J]. Marine and Petroleum geology, 111: 179-201.

Fritz H, Abdelsalam M, Ali K, et al. 2013. Orogen styles in the East African Orogen: A review of the Neoproterozoic to Cambrian tectonic evolution [J]. Journal of African Earth Science, 86: 65-106.

Galloway W E. 1989. Genetic stratigraphic sequences in basin analysis: Application to northwest Gulf of Mexico Cenozoic basin [J]. AAPG Bulletin, 73（2）: 143-154.

Garcfa-Rodríguez M J, Malpica J, Benito B, et al. 2008. Susceptibility assessment of earthquake-triggered landslides in EI Salvador using logistic regression [J]. Geomorphology, 95（3-4）: 172-191.

Garcia M H. 1994. Depositional turbidity currents laden with poorly sorted sediment [J]. Journal of hydraulic engineering, 120（11）: 1240-1263.

Garcia M, Parker G. 1993. Experiments on the entrainment of sediment into suspension by a dense bottom current [J]. Journal of Geophysics Research: Oceans, 98（C3）: 4793-4807.

Gardner J V, Mayer L A, Hughs Clarke J E. 2000. Morphology and processes in Lake Tahoe（California-Nevada）[J]. Geological Society of American Bulletin, 112（5）: 736-746

Ge Z, Nemec W, Gawthorpe R L, et al. 2017. Response of unconfined turbidity current to normal-fault topography [J]. Sedimentology, 64（4）: 932-959.

Gervais A, Savoye B, Mulder T, et al. 2006. Sandy modem turbidite lobes: A new insight from high resolution seismic data [J]. Marine and Petroleum of Geology, 23（4）: 485-502.

Girdler R W. 2005. The east african rift system-geophysical aspects [J]. Journal of African Earth Science, 2005: 379-410.

Gladstone C, Phillips J, Sparks R. 1998. Experiments on bidisperse, constant-volume gravity currents: Propagation and sediment deposition [J]. Sedimentology, 45: 833-843.

Gong C, Wang Y, Pyles D R, et al. 2015. Shelf-edge trajectories and stratal stacking patterns: Their sequence-stratigraphic significance and relation to styles of deep-water sedimentation and amount of deep-water sandstone Shelf-Edge Trajectories [J]. AAPG Bulletin, 99（7）: 1211-1243.

Gong C, Wang Y, Steel R J, et al. 2016. Flow processes and sedimentation in unidirectionally migrating deep-water channels: From a three-dimensional seismic perspective [J]. Sedimentology, 63（3）: 645-661.

Gong C, Wang Y, Zhu W, et al. 2011. The central Submarine Canyon in the Qiongdongnan Basin, northwestern South China Sea: Architecture, sequence stratigraphy, and depositional processes [J]. Marine and Petroleum of Geology, 28（9）: 1690-1702.

Gong C, Wang Y, Zhu W, et al. 2013. Upper Miocene to Quaternary unidirectionally migrating deep-water channels in the Pearl River mouth Basin, northern South China Sea [J]. AAPG Bulletin, 97（2）: 285-308.

Goodwin R H, Prior D B. 1989. Geometry and depositional sequences of the Mississippi Canyon, Gulf of Mexico [J]. Journal of Sediment Research, 59（2）: 318-329.

Greene H G, Murai L, Watts P, et al. 2006. Submarine landslides in the Santa Barbara Channel as potential tsunami sources [J]. Natural Hazards and Earth System Science, 6（1）: 63-88.

Hails J R. 1976. Marine sediment transport and environmental management [J]. Earth Science Reviews, 14

（1）: 69-70.

Hampton M A. 1972. The role of subaqueous debris flows in generating turbidity currents [J]. Journal of Sedimentary Petrology, 42（4）, 775-793.

Handford C R, Loucks R G. 1993. Carbonate Depositional Sequences and Systems Tracts-Responses of Carbonate Platforms to Relative Sea-Level Changes : Chapter 1 [J]. AAPG Bulletin, 57: 3-41.

He Y, Xie X, Kneller B C, et al. 2003. Architecture and controlling factors of canyon fills on the shelf margin in the Qiongdongnan Basin, northern South China Sea [J]. Marine Petroleum Geology, 41: 264-276.

Heezen B C, Hollister C D, Ruddiman W F. 1966. Shaping of the continental rise by deep geostrophic contour currents [J]. Science, 152（3721）: 502-508.

Heezen B, Menzies R, Schneider E, et al. 1964. Congo submarine canyon [J]. AAPG Bulletin, 48（7）: 1126-1149.

Heiniö P, Davies R J. 2007. Knickpoint migration in submarine channels in response to fold growth, western Niger Delta [J]. Marine Petroleum Geology, 24（6-9）: 434-449.

Henstra A G, Grundvåg S A, Johannessen P E. 2016. Depositional processes and stratigraphic architecture within a coarse-grained rift-margin turbidite system : the Wollaston Forland Group, east Greenland [J]. Marine and Petroleum Geology, 76: 187-209.

Howe J A, Stoker M S, Woolfe K J. 2001. Deep-marine seabed erosion and gravel lags in the northwestern Rockall Trough, North Atlantic Ocean [J]. Journal of Geological Society in London, 158（3）: 427-438.

Huang H, Imran J, Pirmez C. 2005. Numerical model of turbidity currents with a deforming bottom boundary [J]. Journal of Hydraulic Engineering, 131（4）: 283-293.

Huang H, Imran J, Pirmez C. 2012. The depositional characteristics of turbidity currents in submarine sinuous channels [J]. Marine Geology, 329: 93-102.

Huang Z, Williamson M A. 1996. Artificial neural network modelling as an aid to source rock characterization [J]. Marine and Petroleum geology, 13（2）: 277-290.

Hubbard S M, Smith D G, Nielsen H, et al. 2011. Seismic geomorphology and sedimentology of a tidally influenced river deposit, Lower Cretaceous Athabasca oil sands, Alberta, Canada [J]. AAPG Bulletin, 95（7）: 1123-1145.

Irving A J.1974. Geochemical and high pressure experimental studies of garnet pyroxenite and pyroxene granulite xenoliths from the Delegate basaltic pipes, Australia [J]. Journal of Petrology, 15（1）: 1-40.

Jacka A D, Germain L C S. 1967. Deep-sea fans in Permian delaware Mountain Group, Delaware basin, west Texas and New Mexico [J]. AAPG Bulletin, 51（3）: 471-472.

Jacobs J, Bingen B, Thomas R J, et al. 2008. Early Palaeozoic orogenic collapse and voluminous late-tectonic magmatism in Dronning Maud Land and Mozambique : Insights into the partially delaminated orogenic root of the East African-Antarctic Orogen [J]. Geological Society, London, Special Publications, 308（1）: 69-90.

Janocko M, Nemec W, Henriksen S, et al. 2013. The diversity of deep-water sinuous channel belts and slope valley-fill complexes [J]. Marine and Petroleum geology, 41: 7-34.

Jiang F, Pang X, Meng Q, et al. 2010. A method of identifying effective source rocks and its application in the Bozhong Depression, Bohai Sea, China [J]. Petroleum Science, 7: 458-465.

Jobe Z R, Lowe D R, Uchytil S J. 2011. Two fundamentally different types of submarine canyons along the continental margin of Equatorial Guinea [J]. Marine and Petroleum geology, 28（3）: 843-860.

Jobe Z, Sylvester Z, Pittaluga M B, et al. 2017. Facies architecture of submarine channel deposits on the western Niger Delta slope : Implications for grain-size and density stratification in turbidity currents [J] . Journal of Geophysical Research : Earth Surface, 122 (2): 473-491.

Kagya M L N. 1996. Geochemical characterization of Triassic petroleum source rock in the Mandawa basin, Tanzania [J] . Journal of African Earth Science, 23 (1): 73-88.

Kane I A, MeCaffrey W D, Peakall J. 2008. Controls on sinuosity evolution within submarine channels [J] . Geology, 36 (4): 287-290.

Kane I A, MeCaffrey W D, Peakall J, et al. 2010. Submarine channel levee shape and sediment waves from physical experiments [J] . Sedimentary Geology, 223 (1-2): 75-85.

Katz M, Frejd T, Hahn-Hägerdal B, et al. 2003. Efficient anaerobic whole cell stereoselective bioreduction with recombinant Saccharomyces cerevisiae [J] . Biotechnology and bioengineering, 84 (5): 573-582.

Keevil G M, Peakall J, Best J L, et al. 2006. Flow structure in sinuous submarine channels : Velocity and turbulence structure of an experimental submarine channel [J] . Marine Geology, 229 (3-4): 241-257.

Key R, Smith R, Smelror M, et al. 2008. Revised lithostratigraphy of the Mesozoic-Cenozoic succession of the onshore Rovuma Basin, northern coastal Mozambique [J] . South African Journal of Geology, 111 (1): 89-108.

Khain V, Polyakoval. 2004. Oil and gas potential of deep-and ultradeep-water zones of continental margins [J] . Lithology and Mineral Resources, 39: 530-540.

Kolla V, Posamentier H, Wood L J. 2007. Deep-water and fluvial sinuous channels-Characteristics, similarities and dissimilarities, and modes of formation [J] . Marine Petroleum Geology, 24 (6-9): 388-405.

Kranenburg W M, Hsu T-J, Ribberink J S. 2014. Two-phase modeling of sheet-flow beneath waves and its dependence on gain size and streaming [J] . Advances in water resources, 72: 57-70.

Kreuser T. 1984. Source bed analysis of two karroo basins of coastal Tanzania [J] . Journal of Petroleum Geology, 7 (1): 47-54.

Kreuser T, Schramedei R, Rullkotter J. 1988. Gas-prone source rocks from Cratogene Karoo basins in Tanzania [J] . Journal of Petroleum Geology, 11 (2): 169-184.

Kreuzer H. 1994. Karoo and transition to post-Karoo rifts in East Africa : Evolution and fossil energy potential [J] . Africa Geoscience Review, 1 (4): 425-447.

Kuang Z, Zhong G, Wang L, et al. 2014. Channel-related sediment waves on the eastern slope offshore Dongsha Islands, northern South China Sea [J] . Journal of Asian Earth Sciences, 79: 540-551.

Leythaeuser D. 1988. Geochemical effects of primary migration of petroleum in Kimmeridge source rocks from Brae field area, North Sea. I : Gross composition of C_{15+}-soluble organic matter and molecular composition of C_{15+}-saturated hydrocarbons [J] . Geochim Cosmochim Acta, 52 (3): 701-713.

Li H, He Y, Wang Z. 2010. Morphologic and sedimentary characteristics of a deep-water high sinuous channel-levee system in the Niger continental margin [J] . Geo-Temas, 11: 99-100.

Li H, van Loon A J, He Y B. 2019. Interaction between turbidity currents and a contour current : A rare example from the Ordovician of Shaanxi province, China [J] . Geologos, 25 (1): 15-30.

Li H, van Loon A J, He Y B. 2020. Cannibalism of contourites by gravity flows : Explanation of the facies distribution of the Ordovician Pingliang Formation along the southern margin of the Ordos Basin, China [J] . Canadian Journal of Earth Sciences, 57 (3): 331-347.

Lüdmann T, Wong H K, Berglar K. 2005. Upward flow of North Pacific Deep Water in the northern South China Sea as deduced from the occurrence of drift sediments [J] . Geophysical Research Letters, 32 (5): 215-236.

Macgregor D. 2015. History of the development of the East African Rift System : A series of interpreted maps through time [J] . Journal of African Earth Sciences, 101: 232−252.

Maestro−González A, Bárcenas P, Vázquez J, et al. 2008. The role of basement inheritance faults in the recent fracture system of the inner shelf around Alboran Island, Western Mediterranean [J] . Geo−Marine Letters, 28: 53−64.

Mahanjane E S, Franke D. 2014. The Rovuma Delta deep−water fold−and−thrust belt, offshore Mozambique [J] . Tectonophysics, 614: 91−99.

Marr J G , Harff P A , Shanmugam G, et al. 2001. Experiments on subaqueous sandy gravity flows : The role of clay and water content in flow dynamics and depositional structures [J] . GSA Bulletin, 113 (11): 1377−1386.

Mattern F. 2005. Ancient sand−rich submarine fans : depositional systems, models, identification, and analysis [J] . Earth−Science Reviews, 70 (3−4): 167−202.

Mayall M, Jones E, Casey M. 2006. Turbidite channel reservoirs : Key elements in facies prediction and effective development [J] . Marine and Petroleum geology, 23 (8): 821−841.

Mcdonough K J, Bouanga E, Pierard C, et al. 2013. Wheeler transformed 2D seismic data yield fan chronostratigraphy of offshore Tanzania [J] . The Leading Edge, 32 (2): 162−170.

Meade R H. 1982. Sources, sinks, and storage of river sediment in the Atlantic drainage of the United States [J] . The Journal of Geology, 90 (3): 235−252.

Melezhik V, Kuznetsov A, Fallick A, et al. 2006. Depositional environments and an apparent age for the Gecimeta−limestones : Constraints on the geological history of northern Mozambique [J] . Precambrian Research, 148 (1−2): 19−31.

Meng Q, Qu H, Hu J. 2007. Triassic deep−marine sedimentation in the western Qinling and Songpan terrane [J] . Science in China Series D : Earth Sciences, 50 (Suppl 2): 246−263.

Michels K H, Rogenhagen J, Kuhn G. 2001. Recognition of contour−current influence in mixedcontourite−turbidite sequences of the western Weddell Sea, Antarctica [J] . Marine Geophysical Researches, 22: 465−485.

Middleton G V. 1966. Experiments on density and turbidity currents : L. Motion of the head [J] . Canadian Journal of Earth Sciences, 3 (4): 523−546.

Middleton G V. 1967. Experiments on density and turbidity currents : III. Deposition of sediment [J] . Canadian Journal of Earth Sciences, 4 (3): 475−505.

Middleton G V, Hampton M A. 1976. Marine sediment transport and environmental management [M] . New York : John Wiley, 197−218.

Milte J. 1897. Sub−oceanic changes [J] . The Geographical Journal, 10 (2): 129−146.

Miramontes E, Penven P, Fierens R, et al. 2019. The influence of bottom currents on the Zambezi Valley morphology (Mozambique Channel, SW Indian Ocean): In situ current observations and hydrodynamic modelling. Marine Geology, 410: 42−55.

Mohrig D, Mart J G. 2003. Constraining the efficiency of turbidity current generation from submarine debris flows and slides using laboratory experiments [J] . Marine and Petroleum geology, 20 (6−8): 883−99.

Moore A, Blenkinsop T, Cotterill F. 2009. Southern African topography and erosion history : Plumes or plate tectonics ? [J] . Terra Nova, 21 (4): 310−315.

Morley C K, King R, Hillis R, et al. 2011. Deepwater fold and thrust belt classification, tectonics, structure and hydrocarbon prospectivity : A review [J] . Earth−Science Reviews, 104 (1−3): 41−91.

Morris S A, Alexander J. 2003. Changes in flow direction at a point caused by obstacles during passage of a density current [J] . Journal of Sedimentary Research, 73 (4): 621–629.

Moscardelli L, Wood L, Mann P. 2006. Mass–transport complexes and associated processes in the offshore area of Trinidad and Venezuela [J] . AAPG Bulletin, 90 (7): 1059–1088.

Mosher D C, Piper D J, Campbell D C, et al. 2004. Near surface geology and sediment–failure geohazards of the central Scotian Slope [J] . AAPG Bulletin, 88 (6): 703–723.

Mougenot D, Recq M, Virlogeux P, et al. 1986. Seaward extension of the East African rift [J] . Nature, 321 (6070): 599–603.

Mulder T, Alexander J. 2001. The physical character of subaqueous sedimentary density flows and their deposits [J] . Sedimentology, 48 (2): 269–299.

Mulder T, Cochonat P. 1996. Classification of offshore mass movements [J] . Journal of Sedimentary Research, 66 (1): 43–57.

Mulder T, Syvitski J P M. 1995. Turbidity currents generated at river mouths during exceptional discharges to the world oceans [J] . Journal of Geology, 103 (3): 285–299.

Mulder T, Syvitski J P M, Migeon S, et al. 2003. Marine hyperpycnal flows : Initiation, behavior and related deposits. A review [J] . Marine and Petroleum Geology, 20 (6–8): 861–882.

Mutti E. 1977. Distinctive thin–bedded turbidite facies and related depositional environments in the Eocene Hecho Group (South–Central Pyrenees, Spain) [J] . Sedimentology, 24: 107–131.

Mutti E, Bernoulli D, Lucchi F R, et al. 2009. Turbidites and turbidity currents from Alpine 'flysch' to the exploration of continental margins [J] . Sedimentology, 56 (1): 267–318.

Mutti E, Ghibaudo G. 1972. Un Esempio di Torbiditi di Coniode Sottomarina Esterina : Le Arenarie di San Salvatore (Formatione di Bobbio Miocene) nell'Appennino di Piacenza Memoriedell'Academia delle Scienze di Torino [J] . Classe di Scienze Fisiche Mathematiche e Naturali, 4: 40–50.

Mutti E, Normark W R. 1987. Comparing examples of modern and ancient turbidite systems : Problems and concepts [J] . Marine clastic sedimentology.

Mutti E, Ricci L F. 1972. Turbidites of the northern Apennines : Introduction to facies analysis [J] . International Geology Review, 20 (2): 125–166.

Nairn A E M, Lerche I, Iliffe J E. 1991. Geology, basin analysis, and hydrocarbon potential of Mozambique and the Mozambique Channel [J] . Earth–science reviews, 30 (1–2): 81–124.

Nakajima T. 2002. Laboratory experiments and numerical simulation of sediment–wave formation by turbidity currents [J] . Marine Geology, 192 (1–3): 105–121.

Nasr–Azadani M M, Meiburg E, Kneller B. 2018. Mixing dynamics of turbidity currents interacting with complex seafloor topography [J] . Environmental Fluid Mechanics, 18: 201–223.

Nicholsal G J, Daly M C. 1989. Sedimentation in an intracratonic extensional basin : The Karoo of the Central Morondava Basin, Madagascar [J] . Geology Magazine, 126 (4): 339–354.

Niemi T M, Ben–Avraham Z, Hartnady C J, et al. 2000. Post–Eocene seismic stratigraphy of the deep ocean basin adjacent to the southeast African continental margin : A record of geostrophic bottom current systems [J] . Marine Geology, 162 (2–4): 237–258.

Nilsen O, Dypvik H, Kaaya C, et al. 1999. Tectono–sedimentary development of the (Permian) Karoo sediments in the Kilombero Rift Valley, Tanzania [J] . Journal African Earth Sciences, 29 (2): 393–409.

Normark W R. 1970. Growth patterns of deep sea fans [J] . AAPG Bulletin, 54 (11): 2170–2195.

Normark W R. 1978. Fan valleys, channels, and depositional lobes on modern submarine fans : Characters for reconition of sandy turbidite environments [J] . AAPG Bulletin, 62 (6): 912–931.

Parrish J T, Curtis R L. 1982. Atmospheric circulation, upwelling, and organic–rich rocks in the Mesozoic and Cenozoic eras [J] . Palaeogeography, palaeoclimatology, palaeoecology, 40 (1–3): 31–66.

Parsons J D, Bush J W M, Syvitski J P M. 2010. Hyperpycnal plume formation from riverine outflows with small sediment concentrations [J] . Sedimentology, 48 (2): 465–478.

Passey Q R, Creaney S, Kulla J B. 1990. A practical model for organic richness from porosity and resistivity logs [J] . AAPG bulletin, 74 (12): 1777–1794.

Paull C K, Hecker B, Commeau R, et al. 1984. Biological communities at the Florida Escarpment resemble hydrothermal vent taxa [J] . Science, 226 (4677): 965–967.

Paull J D, Roberts G G, White N. 2014. The African landscape through space and time [J] . Tectonics, 33 (6): 898–935 .

Paull W, Roger M S. 2010. Introduction to the Petroleum Geology of Deepwater Settings [M] . Beijing : Petroleum Industry Press.

Peakall J, Amos K J, Keevil G M, et al. 2007. Flow processes and sedimentation in submarine channel bends [J] . Marine and Petroleum geology, 24 (6–9): 470–486.

Peakall J, MeCaffrey B, Kneller B. 2000. A process model for the evolution, morphology, and architecture of sinuous submarine channels [J] . Journal of Sedimentary Research, 70 (3): 434–448.

Pepper A S, Corvi P J. 1995. Simple kinetic models of petroleum formation. Part I : Oil and gas generation from kerogen [J] . Marine and Petroleum Geology, 12 (3): 291–319.

Phillips C J, Davies T R. 1991. Determining theological parameters of debris flow material [J] . Geomorphology, 4 (2): 101–110.

Pierson T C, Costa J E, Vancouver W. 1987. A rheologic classification of subaerial sediment–waterflows [J] . Reviews in Engineering Geology, 1987, 7: 1–12.

Pierson T C, Scott K M. 1985. Downstream dilution of a lahar : Transition from debris flow to hyperconcentrated streamflow [J] . Water resources research, 21 (10): 1511–1524.

Poblet J, Lisler R J. 2011. Kinematic evolution and structural styles of fold–and–thrust belts [J] . Geological Society of London, 1–24.

Ponte J P, Robin C, Guillocheau F, et al. 2019. The Zambezi delta (Mozambique channel, East Africa): High resolution dating combining bio–orbital and seismic stratigraphies to determine climate (palaeoprecipitation) and tectonic controls on a passive margin [J] . Marine and Petroleum geology, 105: 293–312.

Posamentier H W. 2004. Seismic geomorphology : Imaging elements of depositional systems from shelf to deep basin using 3D seismic data : implications for exploration and development [J] . Geological Society in London, 29 (1): 11–24.

Posamentier H W, Kolla V. 2003. Seismic geomorphology and stratigraphy of depositional elements in deep–water settings [J] . Journal of Sedimentary Research, 73 (3): 367–388.

Postma G, Nemec W, Kleinspehn K L. 1988. Large floating clasts in turbidites : A mechanism for their emplacement [J] . Sedimentary Geology, 58 (1): 47–61.

Prather E B, Booth R J, Steffens S G, et al. 1998. Classification, lithologic calibration, and stratigraphic succession of seismic facies of intraslope basins, deep–water Gulf of Mexico [J] .AAPG Bulletin, 82: 701–728.

Prélat A, Pankhania S S, Jackson A L, et al. 2015. Slope gradient and lithology as controls on the initiation of submarine slope gullies : Insights from the North Carnarvon Basin, Offshore NW Australia [J] . Sedimentary Geology, 329 (11): 12–17.

Prior D B, Bornhold B, Johns M. 1984. Depositional characteristics of a submarine debris flow [J] . The

Journal of Geology, 92（6）: 707-727.

Rasmussen S, Lykke-Andersen H, Kuijpers A, et al. 2003. Post-Miocene sedimentation at the continental rise of Southeast Greenland : The interplay between turbidity and contour currents [J] . Marine Geology, 196（1-2）: 37-52.

Reading H G, Richards M. 1994. Turbidite Systems in Deep-Water Basin Margins Classified by Grain Size and Feeder System [J] . AAPG Bulletin, 78（5）: 792-822.

Rebesco M, Hernández-Molina F J, Van Rooij D, et al. 2014. Contourites and associated sediments controlled by deep-water circulation processes : State-of-the-art and future considerations [J] . Marine Geolgoy, 352: 111-154.

Reeves C. 2014. The position of Madagascar within Gondwana and its movements, during Gondwana dispersal [J] . Journal of African Earth Sciences, 94: 45-57.

Richards M, Bowman M. 1998. Submarine fans and related depositional II : Variability in reservoir architecture and wireline log character [J] . Marine and Petroleum Geology, 15（8）: 821-839.

Richards M, Bowman M, Reading H. 1998. Submarine-fan systems I : Characterization and stratigraphic prediction [J] . Marine and Petroleum geology, 15（7）: 689-717.

Romankevich E A, Romankevich E A. 1984. Organic carbon in late quarternary sediments of seas and oceans[J]. Geochemistry of Organic Matter in the Ocean, 105-160.

Romans B W, Castelltort S, Covault J A, et al. 2016. Environmental signal propagation in sedimentary systems timescales [J] . Earth-Science Review, 153: 7-29.

Ross W, Halliwell B, May J, et al. 1994. Slope readjustment : A new model for the development of submarine fans and aprons [J] . Geology, 22（6）: 511-514.

Rothwell R. Kenyon N H, MeGregor B. 1991. Sedimentary features of the South Texas continental slope as revealed by side-scan sonar and high-resolution seismic data [J] . AAPG Bulletin, 75（2）: 298-312.

Rowan M G, Peel F J, Vendeville B C.2004.Gravity-driven Fold Belts on Passive Margins [J] . AAPG Memoir, 157-182.

Sachse D, Billault I, Bowen G J, et al.2012.Molecular paleohydrology : Interpreting the hydrogen-isotopic composition of lipid biomarkers from photosynthesizing organisms [J] . Annual Review of Earth and Planetary Sciences, 40: 221-249.

Said A, Moder C, Clark S, et al. 2015. Cretaceous-Cenozoic sedimentary budgets of the Southern Mozambique Basin : Implications for uplift history of the South African Plateau [J] . Journal of African Earth Sciences, 109: 1-10

Said A, Moder C, Clark S, et al. 2015. Sedimentary budgets of the Tanzania coastal basin and implications for uplift history of the East African rift system [J] . Journal of African Earth Science, 111: 288-295.

Salman G, Abdula I. 1995. Development of the Mozambique and Ruvuma sedimentary basins, offshore Mozambique [J] . Sedimentary Geology, 96（1-2）: 7-41.

Sansom P. 2018. Hybrid turbidite-contourite systems of the Tanzanian margin [J] . Petroleum Geosciences, 24（3）: 258-276.

Sattar A M, Jasak H, Skuric V. 2017. Three dimensional modeling of free surface flow and sediment transport with bed deformation using automatic mesh motion [J] . Environ Model Software, 97: 303-317.

Schandelmeier H, Bremer F, Holl H G. 2004. Kinematic evolution of the Morondara rift basin of SW Madagascar : From wrenchtectonics to normal extension [J] . Journal of African Earth Sciences, 38（4）: 321-330.

Scher H D, Martin E E. 2006. Timing and climatic consequences of the opening of Drake Passage [J] .

Science, 312（5772）: 428-430.

Schlanger S O, Jenkyns H C. 1976. Cretaceous oceanic anoxic events : Causes and consequences [J] . Geologie en mijnbouw, 55（3-4）.

Schlater P, Uenzelmann-Neben G. 2007. Seismostratigraphic analysis of the Transkei Basin : A history of deep sea current controlled sedimentation [J] . Marine Geology, 240（1-4）: 99-111.

Schlater P, Uenzelmann-Neben G. 2008. Indications for bottom current activity since Eocene times : The climate and ocean gate way archive of the Transkei Basin, South Africa [J] . Global Planet Change, 60（3-4）: 416-428.

Sepulchre P, Ramstein G, Fluteau F, et al. 2006. Tectonic uplift and Eastern Africa aridification [J] . Science, 313（5792）: 1419-1423.

Sequeiros O E. 2012. Estimating turbidity current conditions from channel morphology : A froude number approach [J] . Journal of Geophysics Research : Oceans, 117（C4）: 4003.

Seton M, Muller R, Zahirovic S, et al. 2012. Global continental and ocean basin reconstructions since 200 Ma [J] . Earth-Science Reviews, 113（3-4）: 212-270.

Shanmugam G. 1996. High-density turbidity currents : Are they sandy debris flows ? [J] . Journal of Sedimentary Research, 66（1）: 2-10.

Shanmugam G. 1997. The Bouma Sequence and the turbidite mind set [J] . Earth-Science Reviews, 42（4）: 201-229.

Shanmugam G. 2000. 50 years of the turbidite paradigm（1950s—1990s）: Deep-water processes and facies models : A critical perspective [J] . Marine and Petroleum Geology, 17（2）: 285-342.

Shanmugam G. 2002. Ten turbidite myths [J] . Earth-Science Reviews, 58（3-4）: 311-341.

Shanmugam G. 2006. The tsunamite problem [J] . Journal of Sedimentary Research, 76（5）: 718-730.

Shanmugam G. 2008. The constructive functions of tropical cyclones and tsunamis on deep-water sand deposition during sea level highstand : Implications for petroleum exploration [J] . AAPG Bulletin, 92（4）: 443-471.

Shanmugam G. 2013. Modern internal waves and internal tides along oceanic pycnoclines : Challenges and implications for ancient deep-marine baroclinic sands [J] . AAPG Bulletin, 97（5）: 799-843.

Shanmugam G. 2016. Submarine fans : A critical retrospective（1950—2015）[J] . Journal of Palaeogeography, 5（2）: 110-184.

Shanmugam G, Moioia R J. 1995. Reinterpretation of depositional processes in a classic flysch sequence（PennsylvanianaJackford Group）, Ouachita Mountains, Arkansas and Oklahoma [J] . AAPG Bulletin, 79（5）: 672-695.

Shultz A W. 1984. Subaerial debris-flow deposition in the upper Paleozoic Cutler Formation, western Colorado [J] . Journal of Sedimentary Research, 54（3）: 759-772.

Singh J. 2008. Simulation of suspension gravity currents with different initial aspect ratio and layout of turbidity fence [J] . Appllied Mathematical Modelling, 32（11）: 2329-2346.

Smelror M, Key R M, Njange F. 2006. Mozambique : Frontier with high expectations [J] . Geo ExPro, （2）: 14-18.

Smith J A. 2004. Mixed convection and density-dependent seawater circulation in coastal aquifers [J] . Water Resources Research, 40: 1-16.

Sømme T O, Helland-Hansen W, Martinsen O J, et al. 2009. Relationships between morphological and sedimentological parameters in source-to-sink systems : A basin for predicting semi-quantitative characteristics in subsurface systems [J] . Basin Research, 21（4）: 361-387.

Sømme T O, Jackson C A L, Vaksdal M. 2013. Source-to-sink analysis of ancient sedimentary systems using a subsurface case study from the Møre-Trøndelag area of Southern Norway : Part 1 Depositional Setting and Fan Evolution [J]. Basin Research, 25 (5): 489-511.

Sømme T O, Martinsen O J, Thurmond J B, 2009. Reconstructing morphological and depositional characteristics in subsurface sedimentary systems : An example from the Maastrichtian-Danian Ormen Lange system, Møre Basin, Norwegian Sea [J]. AAPG Bulletin, 93 (10): 1347-1377.

Stankiewicz J, De Wit M J. 2006. A proposed drainage evolution model for Central Africa-Did the Congo flow east ? [J]. Journal of African Earth Sciences, 44 (1): 75-84.

Stommel H. 1957. The abyssal circulation of the ocean [J]. Nature, 180: 733-734.

Storlazzi C, Elias E, Field M, et al. 2011. Numerical modeling of the impact of sea-level rise on fringing coral reef hydrodynamics and sediment transport [J]. Coral Reefs, 30 (Suppl 1): 83-96.

Stow D A V, Mayall M. 2000. Deep water sedimentary system : New models for the 21st century [J]. Marine and Petroleum Geology, 17 (2): 125-135.

Stow D A, Hernández-Molina F J, Llave E, et al. 2009. Bedform-velocity matrix : The estimation of bottom current velocity from bedform observations [J]. Geology, 37 (4): 327-330.

Stow D A, Mayall M. 2000. Deep-water sedimentary systems : New models for the 21st century [J]. Marine and Petroleum Geology, 17 (2): 125-135.

Straub K M, Mohrig D, McElroy B, et al. 2008. Interactions between turbidity currents and topography in aggrading sinuous submarine channels : A laboratory study [J]. GSA Bulletin, 120 (3-4): 368-385.

Strauss M, Clinsky M E. 2012. Turbidity current flow over an erodible obstacle and phases of sedimentwave generation [J]. Journal of Geophysics Research : Oceans, 117 (C6): 6007.

Talley L D. 2013. Closure of the global overturning circulation through the Indian, Pacific , and Southern Oceans : Schematics and transports [J]. Oceanography, 26 (1): 80-97.

Tamrat Worku, Timothy R Astin. 1992. The Karoo sediments (Late Palaeozoic to Early Jurassic) of the Ogaden Basin, Ethiopia [J]. Sedimentary Geology, 76 (1-2): 7-21.

Thiéblemont A, Hemández-Molina F J, Miramontes E, et al. 2019. Contourite depositional systems along the Mozambique channel : The interplay between currents and sedimentary processes [J]. Deep Sea Research : Part I, 147: 79-99.

Thomas S. 1997. Geology of East Africa [M]. Stuttgart : Schweizer-bart Science Publishers, 295-332.

Tissot B P, Durand B. 1974. Influence of Natures and Diagenesis of Organic Matter in Formation of Petroleum [J]. AAPG Bulletin, 58 (3): 438-459.

Tor T S, Helland-Hansen W, Martinsen O J, et al. 2009. Relationships between morphological and sedimentological parameters in source-to-sink system : A basis for predicting semi-quantitative characteristics in subsurface systems [J]. Basin Research, 21 (4): 361-387.

Törnqvist T E, Wortman S R, Mateo Z R P, et al. 2006. Did the last sea level lowstand always lead to cross-shelf valley formation and source-to-sink sediment flux ? [J]. Journal of Geophysical Research : Earth Surface, 111 (F0): 4002.

Tripsanas E K, Bryant W R, Phaneuf B A. 2004. Slope-instability processes caused by salt movements in a complex deep-water environment, Bryant Canyon area, northwest Gulf of Mexico [J]. AAPG Bulletin, 88 (6): 801-823.

Tucker M E. 2009. Sedimentary petrology : An introduction to the origin of sedimentary rock [M]. the US : John Wiley and Sons.

Twichell D C, Roberts D G. 1982. Morphology, distribution, and development of submarine canyons on the

United States Atlantic continental slope between Hudson arid Baltimore Canyons [J] . Geology, 10 (8): 408–412.

Twichell D, Schwab W, Kenyon N H. 1995. Geometry of sandy deposits at the distal edge of the Mississippi Fan, Gulf of Mexico [J] . Springer, 42: 282–286.

Uchida T, Fukuoka S. 2014. Numerical calculation for bed variation in compound–meandering channel using depth integrated model without assumption of shallow water flow [J] . Advances in water resources, 72: 45–56.

Ueda K, Jacobs J, Thomas R J, et al. 2012. Delamination–induced late–tectonic deformation and high–grade metamorphism of the Proterozoic Nampula Complex, northern Mozambique [J] . Precambrian Research, 196 (1): 275–294.

Vail P R. 1977. Seismic stratigraphy and global changes of sea level[J]. Geophysical Research Letters, 29(22): 1–4.

Varnes D J . 1978. Slope movement types and processes [J] . Landslides : Analysis and Control, 176: 11–33.

Varnes D J. 1958. Landslide types and processes [J] . Landslides and engineering practice, 24: 20–47.

Viana A, Faugères J C, Stow D. 1998. Bottom–current–controlled sand deposits–a review of modern shallow–to deep–water environments [J] . Sedimentary Geology, 115 (1–4): 53–80.

Viola G, Henderson I, Bingen B, et al. 2008. Growth and collapse of a deeply eroded orogen : Insights from structural, geophysical, and geochronological constraints on the Pan–African evolution of NE Mozambique [J] . Tectonics, 27 (5): 1–31.

Visser M. 1980. Neap–spring cycles reflected in Holocene subtidal large–scale bedform deposits : A preliminary note [J] . Geology, 8 (11): 543–546.

Vowinckel B, Kempe T, Fröhlich J. 2014. Fluid–particle interaction in turbulent open channel flow with fully–resolved mobile beds [J] . Advances in Water Resources, 72: 32–44.

Walford H L, White N J, Sydow J C. 2005. Solid sediment load history of the Zambezi Delta [J] . Earth and Planetary Science Letters, 238 (1–2): 49–63.

Walker G R. 1978. Deep–water sandstone facies and ancient submarine fans : Models for exploration for stratigraphic traps [J] . AAPG Bulletin, 62 (6): 932–966.

Walker R G. 1966. Deep channels in turbidite–bearing formations [J] . AAPG Bulletin, 50 (9): 1899–1917.

Ward W H. 1945. The stability of natural slopes [J] . The Geographical Journal, 105 (516): 170–191.

Watts A. 2001. Gravity anomalies, flexure and crustal structure at the Mozambique rifted margin [J] . Marine and Petroleum Geology, 18 (4): 445–455.

Weimer P , Rowan M G , McBride B C , et al. 1998. Evaluating the petroleum systems of the northern deep Gulf of Mexico through integrated basin analysis : An overview [J] . AAPG bulletin, 82 (5): 865–877.

Weimer P. 1990. Sequence stratigraphy, facies geometries, and depositional history of the Mississippi Fan, Gulf of Mexico1 [J] . AAPG Bulletin, 74 (4): 425–453.

Wells M G. 2009. How Coriolis forces can limit the spatial extent of sediment deposition of a large–scale turbidity current [J] . Sedimentary Geology, 218 (1–4): 1–5.

Wescott W A, Diggens J N. 1997. Depositional history and stratigraphical evolution of the Sakoa Group (Lower Karoo Supergroup) in the southern Morondava Basin, Madagascar [J] . Journal of African Earth Sciences, 24 (4): 585–601.

Wiles E, Green A, Watkeys M, et al. 2019. Submarine canyons of NW Madagascar : A first geomorphological insight [J] . Deep Sea Research Part Ⅱ : Topical Studies in Oceanography, 161: 5–15.

Wood L J, Mize–Spansky K L. 2019. Quantitative seismic geomorphology of a Quaternary leveed–channel system, offshore eastern Trinidad and Tobago, northeastern South America [J] . AAPG Bulletin, 93 (1): 101–125.

Woods A W, Bursik M I. 1994. A laboratory study of ash flows [J] . Journal of Geophysical Research : Solid Earth, 99 (133): 4375–4394.

Wopfner H. 2002. Tectonic and climatic events controlling deposition in Tanzanian Karoo basins [J] . Journal of African Earth Sciences, 34 (3–4): 167–177.

Wynn R B, Cronin B, Peakall J. 2007. Sinuous deep–water channels : Genesis, geology and architecture [J] . Marine and Petroleum Geology, 24 (6–9): 341–387.

Wynn R B, Piper D J, Gee M J. 2002. Generation and migration of coarse–grained sediment waves in turbidity current channels and channel–lobe transition zones [J] . Marine Geology, 192 (1–3): 59–78.

Xu J P, Noble M, Eittreim S L, et al. 2002. Distribution and transport of suspended particulate matter in Monterey Canyon , California [J] . Marine Geology, 181 (1–3): 215–234.

Xue L, Gani N D, Abdelsalam M G. 2019. Drainage incision, tectonic uplift, magmatic activity, and paleo–environmental changes in the Kenya Rift, East African Rift System : A morpho–tectonic analysis [J] . Geomorphology, 345 (15): 106839.

Zachos J. 2001. Treads, rhythms, and aberrations in global climate 65 Ma to present [J] . Science, 292 (5517): 686–693.

Zavala C, Ponce J J, Arcuri M, et al. 2006. Ancient lacustrine hyperpycnites : A depositional model from a case study in the Rayoso Formation (Cretaceous) of West–Central Argentina [J] . Journal of Sedimentary Research, 76 (1): 41–59.

Zeng H, Backus M M. 2005. Interpretive advantages of 90°–phase wavelets : Part 1–Modeling [J] . Geophysics, 70 (3): C7–C15.

Zeng H, Backus M M, Barrow K T, et al. 1998. Stratal slicing, part I : realistic 3D seismic model [J] . Geophysics, 63 (2): 502–513.

Zeng H, Henry S C, Riola J P. 1998. Stratal slicing, Part Ⅱ : Real 3D seismic data [J] . Geophysics, 63 (2): 514–522.

Zeng H, Kerans C. 2003. Seismic frequency control on carbonate seismic stratigraphy : A case study of the Kingdom Abo sequence, west Texas [J] . AAPG Bulletin, 87 (2): 273–293.

Zeng H, Loucks R G, Frank Brown Jr L. 2007. Mapping sediment–dispersal patterns and associated systems tracts in fourth–and fifth–order sequences using seismic sedimentology : Examples from Corpus Christi Bay, Texas [J] . AAPG Bulletin, 91 (7): 981–1003.

Zhang X, Scholz C A. 2015. Turbidite systems of lacustrine rift basins : Examples from the Lake Kivu and Lake Albert rifts, East Africa [J] . Sedimentary Geology, 325: 177–191.

Zhu G Y, Jin Q, Zhang S C. 2005. Character and genetic types of shallow gas pools in Jiyang depression [J] . Organic Geochemistry, 36 (11): 1650–1663.

Zhu H, Yang X, Liu K, et al. 2014. Seismic–based sediment provenance analysis in continental lacustrine rift basins : An example from the Bohai Bay Basin, ChinaSeismic : Based sediment provenance analysis [J] . AAPG Bulletin, 98 (10): 1995–2018.

Zhu M, Graham S, Pang X, et al. 2010. Characteristics of migrating submarine canyons from the middle Miocene to present : Implications for paleoceanographic circulation, northern South China Sea [J] . Marine and Petroleum Geology, 27 (1): 307–319.